上海大学出版社

2005年上海大学博士学位论文 54

U0358889

非线性全局优化中填充函数方法的研究

- 作者：尚有林
- 专业：运筹学与控制论
- 导师：张连生

Shanghai University Doctoral
Dissertation（2005）

Research on the Filled Function Methods for Nonlinear Global Optimization

Candidate: Shang Youlin
Major: Operations Research & Cybernetics
Supervisor: Zhang Liansheng

Shanghai University Press
• **Shanghai** •

摘　　要

最优化是一门应用相当广泛的学科,它讨论决策问题的最优选择,构造寻求最优解的计算方法并研究这些方法的理论性质及实际计算表现. 由于社会的进步和科学技术的发展,最优化问题广泛见于经济计划、工程设计、生产管理、交通运输、国防军事等重要领域,因此受到高度重视.

伴随着计算机的高速发展和最优化工作者的努力,非线性最优化的理论分析和计算方法得到了极大提高.尤其是在 20 世纪 70 年代,随着文献[62,63]的出现,全局最优化的方法得以大量的涌现.主要的方法可以分为两大类:确定型算法和随机算法.其中的填充函数算法就是随之出现的一种确定型算法.

由于填充函数法只需应用成熟的局部极小化算法,因此受到理论以及实际工作者的欢迎,但是由于填充函数是目标函数的复合函数,且目标函数本身可能很复杂,所以构造的填充函数形式也可能很复杂.再就是参数过多,难于调节.还有早期提出的填充函数法是沿着线方向的搜索方法,使得在实际计算时工作量很大.构造形式简单以及较少参数的填充函数并使其具有好的性质,以便节约许多冗长的计算步骤及调整参数的时间,提高算法的效率,是理论和实际工作者继续研究填充函数的目的.

本论文便在这种指导思想下,针对以上谈及的问题加以研究.全文共分五章.第一章简述了全局最优化问题以及目前国内外几种主要的全局最优化问题的方法. 第二章对连续最优化的情况, 改进了早期文献[31]中的定义, 并且给出了一个填充函数, 设计了算法, 给出了数值计算结果. 第三章, 在文献[33]中连续全局优化的具有强制性的填充函数定义的基础上, 提出了非线性整数规划问题的填充函数定义, 在文献[125]的基础上, 给出一个单参数的填充函数, 设计了算法并且进行了数值计算. 第四章对第三章的单参数填充函数形式进行了推广, 对几个不同形式的填充函数进行了数值计算结果比较. 第五章给出了含两个参数的填充函数, 设计了算法并且给出了数值计算结果, 有效解决了第三章中单参数填充函数在计算时遇到的问题.

关键词 全局最优化, 非线性规划, 非线性整数规划, 局部极小点, 全局极小点, 填充函数, 填充函数方法

Abstract

Many recent advances in science, economics and engineering rely on numerical techniques for computing globally optimal solutions to corresponding optimization problems. Global optimization problems are extraordinarily diverse and they include economic modelling, finance, management, networks and mechanical design, chemical engineering design and control, molecular biology, and environmental engineering and so on.

During the past four decades, many new theoretical, algorithmic, and computational contributions have helped to solve global optimization problems arising from important practical applications. The filled function method proposed in the 1990s is among the contribution list.

The filled function and the filled function method was first proposed by Renpu Ge. Its basic idea is by constructing auxiliary functions, namely the filled function, to find global solutions of original objective function step by step.

In recent years, many kinds of filled functions with parameters have been presented. However, those parameters are too hard to adjust and it is most probable that global optimizers are lost or fake better minimizers are found. Therefore, further research is worthy of continuing on how we can construct filled functions with simpler forms, better properties and more efficient algorithms.

This dissertation mainly concerns the modified filled function methods for nonlinear global optimization problems. It consists of five chapters.

In the first chapter, global optimization problems and some of its main methods are briefly introduced. In the second chapter, the definition of the filled function for continuous global optimization in paper [31] is modified and a new filled function is presented. New filled functions are required to have local minimizers instead of being minimized on the line segment, which is very important and meaningful to reach a global solution successfully. In chapter three, a definition of the filled function for nonlinear integer programming problem, which is modified from that of the globally convexized filled function in paper [33], is given. A filled function satisfying the definition is presented, which is modified from that of the box constrained continuous global optimization [125] and contains only one parameter. The properties of the proposed filled function and the method using this filled function to solve nonlinear integer programming problem are also discussed in this chapter. A general form of the filled function proposed in the third chapter is presented in the following chapter. In chapter five, by proposing a filled function with two parameters, the drawback that the filled function presented in the third chapter has in the numerical experiment is overcome.

Key words global optimization, nonlinear programming, local minimizer, global minimizer, filled function, filled function method

目　录

第一章　全局最优化问题概述及预备知识 ……………………… 1

1.1　最优化问题概述 ……………………… 1

1.2　几种确定算法介绍 ……………………… 4

   1.2.1　区间算法 ……………………… 4

   1.2.2　积分-水平集法 ……………………… 6

   1.2.3　打洞函数方法 ……………………… 8

   1.2.4　D.C. 规划 ……………………… 9

   1.2.5　单调规划 ……………………… 11

   1.2.6　分支定界方法 ……………………… 12

1.3　几种随机算法介绍 ……………………… 16

   1.3.1　模拟退火法 ……………………… 16

   1.3.2　遗传算法 ……………………… 17

1.4　填充函数算法的发展 ……………………… 18

第二章　改进定义下的一个填充函数 ……………………… 23

2.1　改进的填充函数定义 ……………………… 23

2.2　改进定义下的填充函数及性质 ……………………… 26

2.3　两个全局优化算法和数值计算结果 ……………………… 34

2.4　结论 ……………………… 43

第三章　非线性整数规划问题的填充函数 ……………………… 44

3.1　引言 ……………………… 44

3.2　非线性整数规划问题的填充函数的定义 ……………………… 45

3.3　非线性整数规划问题的一个单参数填充函数及性质

……………………… 48

3.4　填充函数算法和数值计算结果 ·············· 55
　　3.5　结论 ·· 64

第四章　非线性整数规划中单参数填充函数的推广 ·············· 65
　　4.1　非线性整数规划中单参数填充函数的一般形式 ········ 65
　　4.2　一般形式的单参数填充函数的几个性质 ·············· 66
　　4.3　单参数填充函数的几个形式的数值计算结果比较

　　　　 ·· 67
　　4.4　结论 ·· 81

第五章　非线性整数规划的双参数填充函数 ·············· 82
　　5.1　改进的填充函数定义 ·············· 82
　　5.2　改进定义下的填充函数及性质 ·············· 85
　　5.3　离散全局优化算法和数值计算结果 ·············· 93
　　5.4　结论 ·· 97

参考文献 ·· 98
作者攻读博士学位期间完成的论文 ·············· 113
致谢 ·· 115

第一章　全局最优化问题概述及预备知识

1.1　最优化问题概述

最优化是一门应用性很强的学科. 简单地讲, 它研究某些用数学模型表述的问题, 并求出其最优解, 即对于给出的实际问题, 从众多方案中选出最优方案. 具体来说, 它讨论决策问题的最佳选择之特性, 构造寻求最佳解的计算方法, 研究这些计算方法的理论性质及其实现.

虽然最优化可以追溯到古老的极值问题, 然而它成为一门独立的学科是在 20 世纪 40 年代末, 在 1947 年 Dantzig 提出求解一般线性规划问题的单纯形法之后. 现在, 对线性规划、非线性规划以及随机规划、非光滑规划、多目标规划、几何规划、整数规划等各种最优化问题的理论研究发展迅速, 新方法不断涌现, 实际应用日益广泛. 最优化理论和方法在自然科学、经济计划、工程设计、生产管理、交通运输、国防等重要领域, 已受到政府部门、科研机构和产业部门的高度重视, 成为一门十分活跃的学科. 伴随着计算机的高速发展和优化计算方法的进步, 规模越来越大的优化问题可以得到解决.

最优化作为应用数学领域的重要组成部分, 它研究的问题广泛见于自然科学、金融经济、工程设计、生产管理、网络交通、农业预测、国防军事等重要领域, 因此受到高度重视. 最优化包含很多分支, 如线性规划、非线性规划、组合优化、多目标规划、随机规划, 等等. 本论文主要讨论非线性规划中全局优化问题.

非线性规划被用来识别和计算多个变量的非线性函数的最优

解. 如果这些变量受到一些条件的限制时,称其为约束最优化问题;如果变量可以自由变动不受约束的限制,则称其为无约束最优化问题.

最优化问题的一般表达形式为

$$\begin{cases} \min f(x), \\ s.t.\ x \in X. \end{cases} \quad (1.1.1)$$

其中 $x \in R^n$ 是决策变量,$f(x)$ 为目标函数,$X \subset R^n$ 为约束集或可行域. 特别地,如果约束集 $X = R^n$,则最优化问题(1.1.1)称为无约束最优化问题:

$$\min_{x \in R^n} f(x) \quad (1.1.2)$$

约束最优化问题通常写为:

$$\begin{cases} \min f(x), \\ s.t.\ g_i(x) = 0,\ i \in E, \\ g_i(x) \geqslant 0,\ i \in I. \end{cases} \quad (1.1.3)$$

这里 E 和 I 分别是等式约束的指标集和不等式约束的指标集,$g_i(x)$ 是约束函数. 当目标函数和约束函数均为线性函数时,问题(1.1.3)称为线性规划. 当目标函数和约束函数中至少有一个是变量 x 的非线性函数时,问题(1.1.3)称为非线性规划. 此外,根据决策变量、目标函数和要求的不同,最优化还分成了整数规划、网络规划、非光滑规划、随机规划、几何规划、多目标规划等若干分支. 本论文主要研究求解无约束全局优化问题(1.1.2)的理论和方法.

从形式上我们已经区别了无约束最优化问题和有约束最优化问题,下面我们将给出解的精确定义以区分全局极小点和局部极小点.

为方便统称问题(1.1.2)和问题(1.1.3)为**原问题**.

定义 1.1.1 至少有一个 $x_G^* \in X$ 使得 $\forall x \in X$ 有 $f(x) \geqslant f(x_G^*)$,或证明这种点不存在,这样的问题称为全局极小化问题.

令 $\|\cdot\|$ 代表 R^n 中的 Euclidean 范数. 则有

定义 1.1.2 设 $x^* \in X$, 如果

$$f(x) \geqslant f(x^*), \ \forall x \in X. \tag{1.1.4}$$

成立,则称 x^* 是问题(1.1.1)的全局极小点. 如果对所有 $x \neq x^*$ 和 $x^* \in X, f(x) > f(x^*)$ 成立,则称 x^* 为(1.1.1)的严格全局极小点.

定义 1.1.3 设 $x^* \in X$, 如果对某一 $\delta > 0$ 和 x^* 的邻域 $O(x^*, \delta) = \{x \in R^n : \|x\| < \delta\}$, 有

$$f(x) \geqslant f(x^*), \ \forall x \in X \bigcap O(x^*, \delta). \tag{1.1.5}$$

成立,则称 x^* 是问题(1.1.1)的局部极小点. 如果对所有 $x \neq x^*$ 和 $x \in X \bigcap O(x^*, \delta), f(x) > f(x^*)$ 成立,则称 x^* 为(1.1.1)的严格局部极小点.

关于算法的搜索方向有下面的定义.

定义 1.1.4 设 $x^0 \in X$. 若有方向 $d \in R^n$ 且 $d \neq 0$ 使得 $d^T \nabla f(x^0) < 0$, 则称 d 为 x^0 处的下降方向;若有 $\alpha_0 > 0$ 使得对所有的 $\alpha \in (0, \alpha_0)$ 成立 $x^0 + \alpha d \in X$, 则称 d 为 x^0 处的可行方向.

另外有定义

定义 1.1.5 对于函数 $f(x)$, 若有单变量函数 $\phi(t)$ 使得 $\phi[f(x)]$ 改变了 $f(x)$ 的函数形态和性质,则称 $\phi[f(x)]$ 为 $f(x)$ 的变换函数.

下面我们将分别介绍已经存在的全局优化问题的一些算法. 由于科学和工程等领域所需要解决的问题大都可以归结为求全局解的问题,从而促使过去三四十年里,关于全局最优化的理论和算法层出不穷. 由于很可能在一个全局优化问题里有许多局部极小点,因此全局优化问题不能简单地用通常意义上的求解目标函数局部极小的方法. 这些多极小值点的函数一般会导致两个比较困难的问题:一个是怎样离开一个局部极小值点到一个值更小的极小点;第二个是怎样判断当前的极小值点是否为全局最优解. 现在有很多方法研究解决第一个问题,而第二个问题——全局最优性条件的研究仍然比较困

难,尚需进一步研究.

全局优化问题的特点导致了其算法不同于传统的局部优化方法.一般地讲,求解全局优化问题的方法可分为两类:一类是确定性算法,一类是随机算法.

确定性算法是利用问题的解析性质产生一确定性的有限或无限的点序列使其收敛于全局最优解.如区间算法、分支定界方法、填充函数法、打洞函数法和积分水平集方法[132]等.凸性、单调性、稠密性、等度连续性、李普希兹常数、高阶导数一致性、水平集等通常称为全局性的解析性质.

随机算法利用概率机制而非确定性的点列来描述迭代过程.随机投点方法、遗传算法、模拟退火算法是常用的随机算法.这些方法以及禁忌搜索、人工神经网络等被称为现代优化计算方法.现代优化算法通常是通过模拟生物进化、人工智能、数学与物理科学、神经系统和统计力学等概念,以直观为基础构造的,此类算法我们亦称为启发式算法.

很多实际问题的目标函数解析性态差甚至没有解析式,传统的建立在梯度计算基础上的非线性规划算法受到限制.随机方法(如遗传算法)的并行性,广泛的可适用性(如对目标函数的性态无特殊要求,特别可以没有明确的表达式)和较强的鲁棒性、简明性等优点受到关注.

下面简单概述几个全局优化的确定及随机算法.

1.2 几种确定算法介绍

1.2.1 区间算法

设 R^n 是 n 维实欧氏空间,X 是 n 维闭子箱,函数 $f: X \to R$ 是连续的,那么总极值问题为:

$$\min_{x \in X} f(x). \tag{1.2.1}$$

区间分析的基本思想是用区间变量代替点变量进行计算. 区间方法是求解问题(1.2.1)的一种可行的方法. 该方法以区间分析为基础,利用分支定界的思想,求出目标函数在子箱 X 的总极值 f^* 和总极值点集 X^*.

在介绍区间方法之前,先给出一些定义、记号和区间运算. 记 I 为实闭区间 $[a, b]$ 集合,其中 $a, b \in R$, $a \leqslant b$. 对任意 $A, B \in I$ 的运算定义为:

$$A * B = \{a * b \mid a \in A, b \in B\},$$

其中 $*$ 可以是加、减、乘和除的运算,对除法运算,要求 $0 \overline{\in} B$. 如果 $A \in I$,我们可以写 $A = [lbA, ubA]$,其中 lbA, ubA 分别为 A 的上下界. 闭区间的宽度定义为

$$\omega(A) = b - a$$

如果 $D \subseteq R$,那么 $I(D) = \{Y \mid Y \in I, Y \subseteq D\}$.

类似地,可定义 n 维的区间向量 I^m.

接下来我们叙述扩张函数的定义,设 $D \subseteq R^m$ 和 $f: D \to R$,且 $of(Y) = \{f(x) \mid x \in Y\}$ 表示函数 f 在 $Y \in I(X)$ 的取值范围,如果函数 $F: I(D) \to I$ 满足

$$of(Y) \subseteq F(Y), \quad \forall Y \in I(X)$$

则称 F 是 f 的扩张函数.

Moore[73]首先发现了区间分析是计算一个函数在子箱 X 上、下界的有效工具,它可用来计算总极值 f^*. 1974 年, Skelboe[89]把 Moore 的一部分思想与分支定界原理结合起来. 最后, Moore 再次修改,得到了 Moore-Skelboe 算法. 该算法是求问题(1.2.1)的总极值 f^*. 算法的主要思想是: 先作目标函数 $f: X \to R$ 的扩张函数 $F: I(X) \to I$,然后利用分支定界的思想,把 X 逐步细分,在某个子箱上搜索,最后找到最优值 f^*.

Moore-Skelboe 算法:

步 1. 令 $Y: = X$.

步 2. 计算 $F(Y)$.

步 3. 令 $y: = \min F(Y)$.

步 4. 令初始集合 $L = ((Y, y))$.

步 5. 选择坐标方向 $k \in \{i \mid \omega(Y) = \omega(Y_i)\}$，其是与子箱 Y 的具有最长的棱平行.

步 6. 用垂直于方向 k 的超平面把 Y 分成两个子箱 V_1，V_2，使得 $Y = V_1 \bigcup V_2$.

步 7. 计算 $F(V_1), F(V_2)$.

步 8. 对 $i = 1, 2$，令 $v_i = lbF(V_i)$.

步 9. 把 (Y, y) 从集合 L 中去掉.

步 10. 把 (V_1, v_1) 和 (V_2, v_2) 加入到集合 L 中去，而且使 L 中的对 (V_i, v_i) 从小到大排列.

步 11. 记集合 L 的第一对为 (Y, y).

步 12. 若 $\omega(F(Y_n)) < \varepsilon$，则转步 14.

步 13. 转步 5.

步 14. 算法终止.

Ratschek 和 Moore 给出了本算法收敛的条件. 本算法的主要困难是如何给出好的函数的区间扩张，它直接影响算法的有效性.

1.2.2 积分-水平集法

1978 年，郑权教授提出积分-水平集法求解总极值. 总极值问题可表为：求 f 在 R^n 的一个有界闭箱 D 上的极小值 c^* 和总极值点集 H^*，即

$$c^* = \min_{x \in D} f(x)$$
$$(P)$$
$$H^* = \{x \in D \mid f(x) = c^*\}$$

作如下假设：

（1）f 在 D 上是连续的；

（2）存在一个实数 c，使得水平集 $H_c = \{x \in R^n \mid f(x) \leqslant c\}$ 和 D 的交集非空.

此方法具有终止判别准则，算法理论完善. 经过改进，修正的积分-水平集法主要步骤如下：

步 0. 令 $k = 0$. 取 $x_0 \in D$，给定一充分小正数 ε，令 $c_0 = f(x_0)$，

$$H_{c_0} = \{x \mid x \in D, f(x) \leqslant c_0\}$$

步 1. 若 $\mu(H_{c_k}) = 0$，则 c_k 为总极值，H_{c_k} 为总极值点集，终止.

步 2. 作函数 $f_{c_k}(x)$，满足：

$$f_{c_k}(x) = \begin{cases} c_k, & x \in D \backslash H_{c_k} \\ f(x), & x \in H_{c_k} \end{cases}$$

计算均值：

$$c_{k+1} = \frac{1}{\mu(D)} \int_D f_{c_k}(x) \, \mathrm{d}\mu$$

令

$$H_{c_{k+1}} = \{x \mid x \in D, f(x) \leqslant c_{k+1}\}$$

若 $c_{k+1} = c_k$，则 c_{k+1} 为总极值，$H_{c_{k+1}}$ 为总极值点集，转步 5；否则转下一步.

步 3. 计算均方差

$$VF = \frac{1}{\mu(D)} \int_D (f_{c_k}(x) - c_k)^2 \, \mathrm{d}\mu$$

步 4. 若 $VF \geqslant \varepsilon$，令 $k := k+1$，转步 2；否则转步 5.

步 5. 令 $f^* = c_{k+1}$，且 $H^* = H_{c_{k+1}}$，H^* 为 $f(x)$ 在 D 中的近似总极值点集，f^* 为相应的近似总极值，算法终止.

修正积分-水平集法主要改进之处在于：第 k 步求得均值 c_k 和水

平集 H_{c_k} 后构造新函数 f_{c_k},显然它与原目标函数具有相同总极值. 在理论上,用函数 f_{c_k} 求均值,其积分是在闭箱 D 上,而不是在水平集上. 这样使理论和算法实现是一致的. 其困难是水平集 H_{c_k} 难以精确确定.

1.2.3 打洞函数方法

下面介绍 Levy 和 Montalvo[1]提出的打洞函数方法. 考虑问题 (1.1.1),其中 $f(x)$ 是在 $X = \{x \in R^n \mid a \leqslant x \leqslant b\}$, $a, b \in R^n$ 上的二次连续可微函数. 而且假设 $f(x)$ 的极小点都是孤立极小点,个数有限.

该方法由两个过程组成:极小化过程和"打洞"过程,这两个过程交替进行,从而求得目标函数的全局极小值. 具体描述如下:

(1) 在极小化过程中,从某个初始点出发,用任何一个有效的求局部极小的方法,求得函数 $f(x)$ 的一个极小点 x^*.

(2) 在"打洞"过程中,构造打洞函数 $T(x, x^*)$,从 x^* 的一个邻域中的任意一点出发,比如也可以从 x^* 出发,要找到某个点 x^0,满足

$$T(x^0, x^*) = 0 \Leftrightarrow f(x^0) = f(x^*)$$

为此,Levy 和 Montalvo 给出的打洞函数为:

$$T(x) = \frac{f(x) - f(x^*)}{[(x-x^*)^T(x-x^*)]^\eta}, \tag{1.2.2}$$

其中 η 是参数.

由(1.2.2)定义的函数,当 η 充分大时,点 x^* 为极小点;希望在极小化打洞函数过程中求到且对所有的 $x^0 \in Z = \{x \in X \mid f(x) \leqslant f(x^*)\}$, $x^0 \neq x^*$,满足 $T(x^0) \leqslant 0$. 于是,我们可以求得 $T(x)$ 的一个非正的极小点.

在实际计算时,经过若干次的两种过程的交替,函数 $T(x)$ 用如下的表达式:

$$T(x) = \frac{f(x) - f^*}{\left\{ \prod_{i=1}^{l} \left[(x - x_i^*)^T (x - x_i^*) \right]^{\eta_i} \right\} \left[(x - x_m)^T (x - x_m) \right]^{\lambda_0}}.$$

$$(1.2.3)$$

式(1.2.3)中各项的目的是:分子为了消除所有满足 $f(x) > f^*$ 的解. 分母的第 1 项为了避免把前面已得到的,满足 $f(x_1^*) = f(x_2^*) = \cdots = f(x_l^*) = f^*$ 的点 x_i^*,$i = 1, 2, \cdots, l$ 作为本过程的解. 分母的第 2 项是为了消除满足 $\nabla T(x) = 0$,$T(x) > 0$ 的 $T(x)$ 的局部极小点 x. 这一求解途径的主要困难是 $\eta_i > 0$,$\lambda_0 > 0$ 很难确定,从而使工作量增大.

Yao[119] 还有 Oblow[75] 对原有的打洞函数方法作了重要改进,提出了动态打洞算法,但必须求解常微分方程组,这也是比较困难的工作,这里不再赘述.

1.2.4 D.C. 规划

当目标函数和约束函数均为凸函数时,此类凸规划问题局部解就是全局解,很多非常有效的经典算法可以解决这类问题. 但当目标函数和约束函数至少有一个不是凸函数时,问题就变得相当复杂了,且至今尚缺少非常有效的求解方法. 然而,在实际问题中经常会遇到下述问题:

$$\begin{cases} \min f(x) = c_{0,1}(x) - c_{0,2}(x), \\ s.t. \ f_i(x) = c_{i,1}(x) - c_{i,2}(x) \leqslant 0, \ (i = 1, 2, \cdots, m), \\ x \in X \subset R^n. \end{cases}$$

$$(1.2.4)$$

其中 X 为 R^n 中的紧凸集且 $c_{i,1}(x)$,$c_{i,2}(x)(i = 0, 1, \cdots, m)$ 均为凸函数,通常我们称表示为两个凸函数差的函数为 D.C. 函数,上述问题(1.2.4)称为 D.C. 规划问题.

下面简单地介绍一下 D.C. 规划中的一些性质:

1) 任意一个定义在 R^n 的紧凸集上的二次可微函数(特别是多项式函数)为 D. C. 函数.

2) 任何闭集 $S \subset R^n$ 都能表示成 D. C. 不等式的解集: $S = \{x \in R^n \mid g_s(x) - \|x\|^2 \leqslant 0\}$ 其中 $g_s(x)$ 为 R^n 上的一个连续凸函数.

3) 设 $f_1(x), \cdots, f_m(x)$ 是 D. C. 函数, 则函数 $\sum_{i=1}^m \alpha_i f_i(x)$, $(\alpha_i \in R)$, $\max_{1 \leqslant i \leqslant m} f_i(x)$ 和 $\min_{1 \leqslant i \leqslant m} f_i(x)$ 均为 D. C. 函数.

利用上述性质, 每一连续规划问题可以化成一个带线性目标函数及不多于一个凸和一个反凸约束的 D. C. 规划问题. 详细内容可见文献[41]. 但这只是原则上说任何一个连续规划问题可以化为一个 D. C. 规划问题, 如何把一个具体的规划问题转化为一个等价的 D. C. 规划问题还是比较困难的.

一个非常值得研究的全局优化问题之一为带有线性约束的, 目标函数为凹的最小化问题, 亦称带线性约束的凹规划问题, 其可表述为一定义在多面体 $D \subset R^n$ 上的凹函数的全局极小问题:

$$\min\{c(x) \mid x \in D\}, \quad D = \{x \in R^n \mid a_i^T x \leqslant b_i, \ i = 1, \cdots, m\}. \tag{1.2.5}$$

20 世纪 70 年代, 对此问题作了非常详尽的研究. 30 多年来在对这个问题研究过程中的很多思想被进一步应用到了更一般的 D. C. 规划中. 1994 年以前这方面的主要成果可参见文献[42].

最早应用凸规划的外逼近方法被成功地应用于凹规划, 以后又被成功地应用于反凸规划、D. C. 规划及单调规划问题. 由于定义在多面体上的凹函数的最小值在顶点上达到, 所以基于上述性质可以通过构造一簇多面体序列 $P_1 \supset P_2 \supset \cdots \supset D$ 使得用问题 $\min\{c(x) \mid x \in P_k\}$ 的解逼近于 $\min\{c(x) \mid x \in D\}$ 的解, 其中 P_{k+1} 是由多面体 P_k 添加线性约束后所构成的. 通过文献[43]中的一个有效方法, 从 P_k 导出相应的顶点集 V_k, 然后计算 $x^k \in argmin\{c(x) \mid x \in V_k\} = argmin\{c(x) \mid x \in P_k\}$, 并且得到序列 $\{x^k\}$ 的聚点即问题的全局最优点.

我们可将外逼近方法表述如下：

步 0.　　构造一多面体 $P_1 \subset D$，计算它的顶点集 V_1，$k := 1$.

步 1.　　解问题 $\min\{c(x) \mid x \in P_k\}$ 的解 x^k，即 $x^k \in \arg\min\{c(x) \mid x \in V_k\}$，$\beta = c(x^k)$，$\beta \leqslant c^* = \min\{c(x)：x \in D\}$.

步 2.　　若 $I(x^k) = \{i \mid a_i^T x^k > b_i, i \in \{1, 2, ,\cdots, m\}\} = \varnothing$，即 $x^k \in D$，则算法终止；否则转步 3.

步 3.　　选择 $j \in I(x^k)$，令 $P_{k+1} = P_k \bigcap \{x \mid a_j^T x \leqslant b_j\}$，计算 $V(P_{k+1})$，转步 1.

外逼近方法的步骤非常简捷，它已被广泛用于凹规划、反凸规划和 D. C. 规划及单调规划问题，详尽的结果可参见文献[42]. 外逼近方法的收敛性已由 Horst 等人在文献[43]给出.

基于上述的外逼近方法，算法具有 m 步终止.

1.2.5　单调规划

在经济、工程及其他一些领域中的大量数学模型通常都具有某些变量或所有变量的单调性的性质. 在最优设计的相当多数量的文章中，单调性在数值方法的研究中起着相当重要作用. 当单调性与凸性和反凸性结合在一起时，产生了乘积规划[42]，C - 规划[52]等等低维的非凸问题. 在过去的十年间，参数方法、对偶基的补偿方法对求解低维的上述问题的速度是相当快的.

下面我们考虑下述问题：

$$\min\{f(x) \mid g(x) \leqslant 1 \leqslant h(x), x \in R_+^n\}, \qquad (1.2.6)$$

此处 $f(x)$，$g(x)$，$h(x)$ 都是单调增加的（即当 $0 \leqslant x \leqslant x'$，$f(x') \geqslant f(x)$，称 $f(x)$ 为增加的）. 由考虑的抽象凸性. 在某种特殊假设下，此类问题可由广义外逼近方法来处理. 然而，纯单调结构的最重要的优点在于利用全局信息，通过在可行域的限制区域上的极限的全局搜索，可以用来简化问题. 事实上，当（1.2.6）的目标函数是单调增加的，若 z 为可行域已知的可行点，因在 $z + R_+^n$ 没更好的可行解，故 z 在

$z+R_+^n$ 上为不起作用的. 类似地, 当函数 $g(x)$ (相应地 $h(x)$) 是单调增加的, z 为在 $z+R_+^n$ 上对于约束 $g(x)\leqslant 1$ (相应地 $h(x)\geqslant 1$) 为不可行点, 则整个 $z+R_+^n$ 可以不予考虑. 基于上述观察, 外逼近或分支定解等有效方法来可以用求解易处理的单调规划.

如果存在一单调增加函数 $g(x)$, 使得 $G=\{x\in R_+^n\mid g(x)\leqslant 1\}$, 其形如 $G=\bigcup_{z\in Z}[0,z]$. 其中 $G=\bigcup_{z\in Z}[0,z]$ 为箱子簇 $[0,z]$ 的和集, $z\in Z$, 则称 G 是正规的. 当 Z 为有限集时, 正规集称为多胞块. 正像紧凸集是一簇多胞体的交集, 紧正规集是一簇多胞块的交集. 由此, 单调系统的解集结构的特征可以被建立起来, 用于单调不等式和单调优化问题的数值分析. 更重要的是, 多胞块逼近方法可以推广到求解两个单调增加函数差的优化问题 (亦称为 D.I. 函数的规划问题, 比如问题 (??)). 参见文献 [103, 104]. 由于 n 个变量的多项式可表为两个正系数的多项式之差, 即两个 R_+^n 上的单调增加函数之差, 由 Weierstrass 定理可知, 在 $[0,b]=\{x\in R^n\mid 0\leqslant x\leqslant b\}$ 上的 D.I. 函数在 $[0,b]$ 上为稠密的, 因此, D.I. 最优化的适用范围包括多项式规划 (特别是非凸二次规划) 和各类全局和组合优化问题. 虽然如此, 但到目前为止, 解 D.I. 规划问题仍然是一个较困难的问题, 在理论和算法上都没有 D.C. 规划完备.

1.2.6　分支定界方法

在组合最优化中解全局最优的最普遍工具是应用分支定界原理, 特别地在求解 (1.2.5) 时, 将区域 D 划分成多面体子集, 即划分成单纯形 (单纯形剖分), 划分成超长方体 (超长方体剖分) 或划分成锥体 (锥剖分). 通常情况下, 在小区域上易确定目标函数值的上下确界, 从而逼近全局最优值. 该方法已广泛应用于凹规划, D.C. 规划及 Lipschitzian 规划.

首先用分支定界方法求解下述全局优化问题:

$$\min_{x\in D} f(x)$$

其中 $f\colon R^n \to R$，$D \subset R^n$，D 为紧集，f 在 D 上连续.

下面介绍分支定界方法的主要步骤.

步 1.　选择初始可行域 M_0，$M_0 \supset D$，把 M_0 划分为有限个子集 M_i，$i \in I$，I 是指标集. 这里划分要满足条件：

$$M_0 = \bigcup_{i \in I} M_i ,$$

$$M_i \bigcap M_j = \partial M_i \bigcap \partial M_j , \ \forall i, j \in I, \ i \neq j.$$

其中 ∂M_j 表示 M_j 的边界.

步 2.　对每个子集 M_i 确定满足下面条件的上，下界 $\alpha(M_i)$，$\beta(M_i)$：

$$\beta(M_i) \leqslant \inf f(M_i \bigcap D) \leqslant \alpha(M_i).$$

再令 $\beta = \min\{\beta(M_i) \mid i \in I\}$，$\alpha = \max\{\alpha(M_i) \mid i \in I\}$，则有

$$\beta \leqslant \min f(D) \leqslant \alpha.$$

步 3.　若 $\alpha = \beta$ 或 $\alpha - \beta \leqslant \varepsilon$，$\varepsilon$ 为充分小的正数，则算法终止. 否则转步 4.

步 4.　选择适当的子集 M_i，作更细的划分，转步 2.

分支定界方法的实现主要是划分、选择和定界三个运算步骤. 划分、选择和定界的不同，产生相应不同的实现算法.

一般地，多面体或者凸多面体的划分的最简单形式是：单纯形、超长方体和多面锥. 从而划分集合 M_0 由它们所组成，并且一般都假定细分是彻底的."细分是彻底的"的定义如下：

定义 1.2.1　多面体的一个细分是彻底的，如果由连续细分多面体所产生的每一个下降子列 $\{M_q\}$ 趋向于单点集；凸多面体的一个细分是彻底的，如果由连续细分凸多面体所产生的每一个下降子列趋向于一条射线.

Tuy 等在 [106] 中讨论了一大类单纯形的彻底的细分. 用得最多的是二等分，参见 [37]，[38]，[39]. 其主要思想是：

设 M 是一个 n 维单纯形,它是由 $n+1$ 个仿射独立的顶点所组成的凸包. 设 $[v_M^r, v_M^s]$ 是 M 的最长的边,令 $v = \frac{1}{2}(v_M^r, v_M^s)$,用 v 分别代替顶点 v_M^r 和 v_M^s,这样产生二个单纯形,其体积之和等于 M 的体积. 这就是单纯形的二等分.

设 S 是一个内部含原点 0 的单纯形,(比如,令 S 的 $n+1$ 个顶点为 $v^i = e^i (i = 1, 2, \cdots, n)$,$v^{n+1} = -e$,其中 e^i 是第 i 个分量为 1 的 R^n 中的单位向量,$e = (1, \cdots, 1)^T \in R^n)$. 考虑 S 的 $n+1$ 个斜面 F_i,每一个 F_i 是 $n-1$ 维单纯形. 对每个 F_i,令 C_i 是一个凸锥,它的顶点是原点 0,n 条边是从 0 开始,通过 F_i 的 n 个顶点的射线. 于是 $\{C_i \mid i = 1, 2, \cdots, n+1\}$ 是 R^n 的一个锥划分. 如果对初始的斜面进行细分,就可以导致锥的细分. 所以,对 $n-1$ 维单纯形的二等分导致的锥的细分,就是锥的二等分.

设 $M = \{x \mid a \leqslant x \leqslant b\}$ 是一个 n 维的超长方体. 用一个通过点 $\frac{1}{2}(a+b)$ 的超平面垂直割该矩形的最长的边,这样把矩形 M 分成二个 n 维的超长方体. 这就是超长方体的二等分.

设 R_k 是当前的一个划分,P_k 为分支定界过程的第 k 迭代的细分中,所选的划分元的集合. 显然,如果满足 $\beta_{k-1} = \beta(M)$ 的 $M \in R_k$ 划分是精细的,那么下界 $\beta_{k-1} \leqslant \min f(D)$ 是可以改善的. 划分是精细的定义如下:

定义 1.2.2 称划分元 $M' \subset M$ 是 M 的精细的子集,如果满足

$$\beta(M') \geqslant \beta(M), \alpha(M') \leqslant \alpha(M).$$

Tuy 等在文献[107]中提出了一个选择原则,即具有"界改善的"选择.

定义 1.2.3 称选择是界改善的,如果至少在迭代有限步后,P_k 满足:

$$P_k \bigcap \{M \in R_k \mid \beta(M) = \beta_{k-1}\} \neq \varnothing.$$

一般来说上界 $\alpha(M)$ 比较容易定,只要取在可行域中的最小值即可. 较精确地,可令

$$\alpha(M) = \min f(S_M),\ S_M \in M \bigcap D.$$

而下界就较麻烦. 令 M 是一个多面体,找下界 $\beta(M)$ 经常用的办法是,作 $f(x)$ 在 M 中的凸包络 φ,求 φ 在 $M \bigcap D$ 上的极小值,以它作为下界.

对于凸函数 f,其下界可以由下式给出[39, 105]:

$$\beta(M) = \min f(V(P)),$$

其中 $V(P)$ 是满足 $D \bigcap M \subset P \subset M$ 的凸多面体的顶点集.

对于在单纯形上的 D. C. 函数 $f(x) = f_1(x) + f_2(x)$,其中 f_1 是凸的,f_2 是凹的. 令 φ_2 是 f_2 在 M 上的凸包络,则其下界可以由下式给出:

$$\beta(M) = \min\{f_1(x) + \varphi_2(x) \mid x \in D \bigcap M\}.$$

对于 Lipschitzian 函数 f,其下界可以由:

$$\beta(M) = \max f(S) - Ld(M),$$

其中 S 是 M 的任意一个非空,有限个点的集合,$d(M)$ 是 M 的直径,L 是 Lipschitzian 常数.

Horst 等给出了分支定界方法求全局极值的收敛性质,其主要结论是下面定理[40]:

设分支定界方法中的选择是界改善的,且逐次细分的划分元的任一下降序列 $\{M_q\}$ 满足:

$$\lim_{q \to \infty}(\alpha_q - \beta(M_q)) = 0,$$

则该方法是收敛的,即

$$\alpha:= \lim_{k \to \infty}\alpha_k = \lim_{k \to \infty}f(x^k) = \min f(D) = \lim_{k \to \infty}\beta_k =: \beta.$$

1.3 几种随机算法介绍

1.3.1 模拟退火法

模拟退火[50]算法是一种随机算法,多用于复杂的组合优化和 NP 问题.其思想源于物理上的退火过程,数学上有"马尔可夫链"可以对它进行严格的描述.基于马尔可夫过程理论,文献[61]理论上证明模拟退火算法以概率 1 收敛于全局最优解.实际应用中许多参数需要调整,是一个启发式算法.

模拟退火算法基本思想如下:

算法的研究对象是由一个参数集所确定的某种配置.为了便于问题的分析,需要设计一个基于该配置的价格函数 $f(x)$,于是对配置的优化过程就转化为对 $f(x)$ 的极小化过程,$f(x)$ 的极小化过程模拟自然界的退火过程,由一个逐步冷却温度 $Temp$ 来控制,对每一个温度值,尝试一定的步骤,在每一个极小化步中,随机地选择一个新的配置并计算价格函数,这时如果 $f(x)$ 的值 f_j 小于以前的值 f_i,则选择新的配置方案;如果大于以前的值,则计算概率值:$Prob = \exp\{-\Delta f_{ij}/k * Temp\}$,这里 k 是玻尔兹曼常数,然后在 $(0, 1)$ 上产生随机数 $Rand$,如果 $Rand \leqslant Prob$,则选择新的配置方案,否则仍保留原方案.重复这些步骤,直到系统冷却不再产生更好的配置为止.

模拟退火算法的数学模型可描述为:在给定邻域结构后,模拟退火过程是从一个状态到另一个状态不断地随机游动.此过程可以用马尔可夫链来描述.当 t 为一确定值时,两个状态的转移概率定义为:

$$p_{ij}(t) = \begin{cases} G_{ij}(t)A_{ij}(t), \ \forall j \neq i, \\ 1 - \sum_{l=1, \ l\neq i}^{|D|} G_{ij}(t)A_{ij}(t), \ j = i, \end{cases} \qquad (1.3.1)$$

其中 $|D|$ 表示为状态集合中状态的个数,$G_{ij}(t)$ 称为从 i 到 j 的产生概率.$G_{ij}(t)$ 表示在状态 i 时,j 状态被选取的概率.$A_{ij}(t)$ 称为接受概率,$A_{ij}(t)$ 表示状态 i 产生 j 后,接受 j 的概率.通常 j 被选中的概率

记为：

$$G_{ij}(t) = \begin{cases} \dfrac{1}{N(x_i)}, & j \in N(i), \\ 0, & j \notin N(i), \end{cases} \qquad (1.3.2)$$

而模拟退火算法中接受 j 的概率为：

$$A_{ij}(t) = \begin{cases} 1, & f(i) \geqslant f(j), \\ \exp(-\Delta f_{ij}/t), & f(i) < f(j), \end{cases} \qquad (1.3.3)$$

由(1.3.1)、(1.3.2)、(1.3.3)组成模拟退火算法的主要模型.

模拟退火算法分为时齐算法和非时齐算法两类. 从理论研究可以发现,按理论要求达到平稳点分布来应用模拟退火算法是不可能的. 时齐算法要求无穷步迭代后达到平稳分布,而非时齐要求温度下降的迭代步为指数次的. 而从应用角度而言,在可接受时间内达到满意解就可以了,现有的技术尚难保证模拟退火算法得到全局最优解. 详细内容可参见文献[61]等.

1.3.2 遗传算法

遗传算法是一种全局随机优化算法,它借鉴生物界"适者生存"的自然选择思想和自然遗传机制通过选择复制和遗传因子的作用[36],使优化群体不断进化,最终收敛于最优状态. 它的主要特点是：

- 群体搜索.
- 针对次数的染色体(编码)进行操作,不需要依赖目标函数梯度的信息.
- 只利用目标函数作为评优准则.
- 使用随机规则,而不是确定规则进行搜索.

基于这些特点,遗传算法特别适合处理那些带有多参数、多变量、多目标和在多区域的 NP-hard 问题. 并且,在处理很多组合优化问题时,不需要很强的技巧. 同时遗传算法与其他的启发式算法有较好的兼容性.

遗传算法包括以下主要步骤：

1）对优化问题的解进行逐个编码. 把优化问题的解的编码称为染色体,那么每一个解都有编码,每一个编码都有染色体. 组成编码的元素称为基因.

2）适应函数的构造和应用. 适应函数依据优化问题目标函数而定. 当适应函数确定以后,自然选择规律以适应函数值的大小决定的概率分布来确定哪些染色体适应生存,哪些被淘汰. 生存下来的染色体组成种群,生成可以繁衍下一代的群体.

3）染色体的结合. 双亲的遗传基因结合是通过编码之间的交配达到下一代的产生.

4）变异. 新解产生过程中可能发生基因变异,使某些解的编码发生变化,使解有更大的遍历性.

最优化问题的求解过程是从众多的解中找出最优的解. 生物进化的适者生存规律使得最具有生存能力的染色体以最大的可能生存. 所以遗传算法可以在优化问题中应用. 在优化问题中,可能点的数目是通过选择,交叉和变异的方法产生. 在选择阶段,确认某些种群产生后代,交叉操作应用于一对选择的种群来产生后代,变异则被作为后代的修正或保留的种群的修正. 像模拟退火算法一样,这类算法起源于求解组合优化问题,对连续优化问题的作用目前尚非常有限. 至今尚未解决的主要问题在于所有优化问题可能解的编码问题. 关于编码问题的讨论有这样一个观点：虽然遗传算法、模拟退火、禁忌搜索等,是具有通用性的全局最优算法,但如果不针对问题设计算法,恐怕计算时间可能非常大. 可以通过针对问题的了解,即抓住问题的特征以换取节省时间,该观点已越来越被人们接受. 具体内容可参见文献[112].

1.4 填充函数算法的发展

填充函数法是由西安交通大学的葛仁溥教授等人首先提出的,

参见[30—33]. 以后很多学者对此方法又作了许多有益的工作和改进.

考虑无约束的全局最优化问题(1.1.2).

如果我们假设 $f(x)$ 在 R^n 上连续可微且满足强制性条件：

假设 1.4.1　$f(x) \to +\infty$, 当 $\|x\| \to +\infty$.

则无约束的全局最优化问题(1.1.2)退化为

$$\min_{x \in X} f(x).$$

这是因为由上面的假设知道,一定存在有界闭集 X,使得 $f(x)$ 在 R^n 上的所有我们所关心的极小点,即极小值较小的极小点都在 X 的内部.

介绍引入以前文献中已有的几个概念：

定义 1.4.1　函数 $f(x)$ 在一极小值点 x_1^* 处的盆谷是指一连通域 B_1^*,具有下列性质：

(1) $x_1^* \in B_1^*$；

(2) 对于任意一点 $x \in B_1^*$,使得 $x \neq x_1^*$ 及 $f(x) > f(x_1^*)$,存在一条从 x 到 x_1^* 的下降路径.

若 x_1^* 是 $f(x)$ 的局部极大点,则 $-f(x)$ 在局部极小点 x_1^* 处的盆谷称为 $f(x)$ 在局部极大点 x_1^* 的峰.

定义 1.4.2　设 x_1^* 和 x_2^* 是函数 $f(x)$ 的两个不同的极小点,如果 $f(x_1^*) > f(x_2^*)$,则称在 x_2^* 处的盆谷 B_2^* 比 x_1^* 处的盆谷 B_1^* 低,或称 B_1^* 比 B_2^* 高.

早期的填充函数方法还要求具有下面的假设：

假设 1.4.2　函数 $f(x)$ 只有有限个极小值点.

假设 1.4.3　函数 $f(x)$ 只有有限个极小值.

孤立点 x_1^* 处盆谷 B_1^* 的半径定义为：

$$R = \inf_{x \notin B_1^*} \|x - x_1^*\|.$$

如果 $f(x)$ 在 x_1^* 处的 Hessian 矩阵 $\nabla^2 f(x_1^*)$ 正定,则 $R > 0$.

　　填充函数算法由两个阶段步组成：极小化阶段和填充阶段. 这两个阶段交替使用直到找不到更好的局部极小点. 在第一步里, 可以用经典的极小化算法如拟牛顿法、最速下降法等, 寻找目标函数的一个局部极小点 x_1^*. 然后第二步, 主要思想是以当前极小点 x_1^* 为基础定义一个填充函数, 并利用它找到 $x' \neq x_1^*$, 使得

$$f(x') \leqslant f(x_1^*),$$

而后以 x' 为初始点, 重复第一步. 重复下去一直到找不到更好的局部极小点.

　　设 x_1^* 是 $f(x)$ 的一个局部极小点, 文献[31]中给出填充函数的定义如下:

　　定义 1.4.3 函数 $p(x, x_1^*)$ 称为 $f(x)$ 在局部极小点 x_1^* 处的填充函数, 如果满足:

　　(1) x_1^* 是 $p(x, x_1^*)$ 的一个极大点, $f(x)$ 在点 x_1^* 处的盆谷 B_1^* 成为 $p(x, x_1^*)$ 的峰的一部分.

　　(2) $p(x, x_1^*)$ 在比 B_1^* 高的盆谷里没有稳定点.

　　(3) 如果存在比 B_1^* 低的盆谷 B_2^*, 则存在 $x' \in B_1^*$, 使得 $p(x, x_1^*)$ 在 x' 和 x_1^* 的连线上有极小点.

　　在各种文章中对填充函数的定义有所不同. 尤其上面定义中的第三条是一个很弱的条件, 很多义章做了改进.

　　葛等人给出了一个带两个参数的填充函数函数, 形式如下:

$$P(x, x_1^*, r, \rho) = \frac{1}{r + f(x)} \exp\left(-\frac{\|x - x_1^*\|^2}{\rho^2}\right),$$

$$r + f(x_1^*) > 0,$$

这里 ρ 是很小的参数. 后来他们注意到这个函数存在缺陷. 由于受到指数项 $\exp\left(-\frac{\|x - x_1^*\|^2}{\rho^2}\right)$ 的影响, 当 ρ^2 太小或 $\|x - x_1^*\|$ 太大时,

$\nabla P(x, x_1^*, r, \rho)$ 几乎都接近于零,从而出现假的平稳点. 为了克服这个缺陷,葛和秦在文献[32]中给出了 7 个不同形式的填充函数:

$$\widetilde{P}(x, x_1^*, r, \rho) = \frac{1}{r + f(x)} \exp\left(-\frac{\| x - x_1^* \|}{\rho^2}\right),$$

$$G(x, x_1^*, r, \rho) = -\rho^2 \log[r + f(x)] - \| x - x_1^* \|^2,$$

$$\widetilde{G}(x, x_1^*, r, \rho) = -\rho^2 \log[r + f(x)] - \| x - x_1^* \|,$$

$$Q(x, x_1^*, A) = -[f(x) - f(x_1^*)] \exp(A \| x - x_1^* \|^2),$$

$$\widetilde{Q}(x, x_1^*, A) = -[f(x) - f(x_1^*)] \exp(A \| x - x_1^* \|),$$

$$\nabla E(x, x_1^*, A) = -\nabla f(x) - 2A[f(x) - f(x_1^*)](x - x_1^*),$$

$$\nabla \widetilde{E}(x, x_1^*, A) = -\nabla f(x) - A[f(x) - f(x_1^*)]\frac{x - x_1^*}{\| x - x_1^* \|}.$$

他们指出后四个函数是较好的填充函数. Liu 在(2000)文献[53]中给出一个克服以上缺陷的填充函数:

$$H(x, x_1^*, a) = \frac{1}{\ln[1 + f(x) - f(x_1^*)]} - a \| x - x_1^* \|^2,$$

其中 $a > 0$ 充分大.

随后,Xu(2001)在文[115]中提出了一族性质类同的填充函数

$$U(x, x^*, A, \beta) = -\eta(f(x) - f(x^*)) - \exp(A\omega(\| x - x^* \|^\beta))$$

函数 $\eta(\cdot)$, $\omega(\cdot)$ 和参数 A, β 满足一定条件. 这一族填充函数在理论上较为完善,揭示了构造填充函数时 $f(x) - f(x^*)$ 和 $\| x - x^* \|$ 两项的重要性,但仍含有指数函数.

另一类关于前置点 x_0 的填充函数

$$U(x, A, h) = \eta(\| x - x_0 \|)\varphi(A[f(x) - f(x_1^*) + h])$$

是由 Ge 和 Qin(1990)在文[33]中提出,并且随后由 Lucidi 和 Piccialli

(2002)在文[98]中进行了深一步的讨论.

张连生,李端和 NG,C. K. 对填充函数的定义进行了改进,给出了一些性质较好的函数,如文献[122]中定义的

$$p(x, x_1^*, \rho, \mu) = f(x_1^*) - \min[f(x), f(x_1^*)] -$$

$$\rho \| x - x_1^* \|^2 + \mu\{\max[0, f(x) - f(x_1^*)]\}^2.$$

该文章的另一特点是他们对填充函数的迭代搜索方法进行了详细的讨论,得到了计算方法上的一些结论.进一步他们把改进后的填充函数用于求解非线性整数规划,从而为求解非线性整数规划提供了一个途径.参见[74, 121]等.

由于填充函数法只需应用成熟的局部极小化算法,因此受到理论以及实际工作者的欢迎.了解填充函数算法的背景及发展,能为我们今后的研究提供明确的方向.改进其算法使之适合于应用就显得尤为重要.由于填充函数是目标函数的复合函数,且目标函数本身可能很复杂,所以构造的填充函数形式应尽量简单,参数应尽量少.以便节约许多冗长的计算步骤及调整参数的时间,提高算法的效率.

本论文便在这种指导思想下,针对以上谈及的问题加以研究.下面各个章节的内容为:第二章对连续最优化的情况,改进了早期文献[31]中的定义,并且给出了一个填充函数,设计了算法,给出了数值计算结果.第三章,在文献[33]中连续全局优化的具有强制性的填充函数定义的基础上,提出了非线性整数规划问题的填充函数定义,在文献[125]的基础上,给出一个单参数的填充函数,设计了算法并且进行了数值计算.第四章对第三章的单参数填充函数形式进行了推广,对几个不同形式的填充函数进行了数值计算结果比较.第五章给出了含两个参数的填充函数,设计了算法并且给出了数值计算结果,有效解决了第三章中单参数填充函数在计算时遇到的问题.

第二章 改进定义下的
一个填充函数

本章部分内容写取材于文献[91].

2.1 改进的填充函数定义

我们知道,对无约束的全局优化问题

$$(P) \qquad \begin{cases} \min f(x), \\ s.\,t.\, x \in R^n. \end{cases} \qquad (2.1.1)$$

Ge 在(1990)的文献[31]中最早提出了填充函数算法,他给出的填充
函数形式是

$$P(x, x^*, r, q) = \frac{1}{r + f(x)} \exp\left(-\frac{\|x - x^*\|^2}{q^2}\right), \quad (2.1.2)$$

$$r + f(x^*) > 0,$$

这里 r 和 q 是两个参数,并且它们要满足合适的选择. 但填充函数
(2.1.2)在进行数值计算的时候存在着不足的地方.

由于 $P(x, x^*, r, q)$ 和 $\nabla P(x, x^*, r, q)$ 中都含有指数项
$\exp(-\|x - x^*\|/q^2)$,受到该项的影响,当 $\|x - x^*\|$ 很大或者 q^2
很小的时候,$P(x, x^*, r, q)$ 和 $\nabla P(x, x^*, r, q)$ 的值接近于零,从而
出现假的平稳点. 虽然后面又有若干其他形式的填充函数的出现(见
文献[32,33,53,54]等),但都没有摆脱函数(2.1.2)所存在的缺点,
具体表现为:

1. Ge(1990)文献[31]的填充函数不能保证在低的盆谷中存在局

部极小点；

2. Ge(1990)文献[31]的填充函数方法都假设原问题只有有限个局部极小点；

3. Ge(1990)文献[31]的填充函数中的参数很难调节.

这篇文章，我们给出不同于 Ge(1990)文献[31]的新的填充函数定义，并且提出了满足该定义的一种新的填充函数，该函数具有很好的性质，它克服了上面提到的原来填充函数以及填充函数方法的不足之处. 通过讨论所给出的填充函数的理论性质，我们还提出了两种全局优化算法，从而可以通过新的全局优化方法来得到无约束问题的全局最优解. 数值计算结果验证了这个算法是有效的和可行的，优于葛仁溥的填充函数算法.

我们仍然考虑上面的无约束问题(P)，这里给出 $f(x)$ 满足的三个假设条件：

假设 2.1.1 函数 $f(x)$ 连续可微且满足 Lipschitz 条件，即，存在 $L > 0$，使得：对任何的 $x, y \in R^n$，有下式成立

$$| f(x) - f(y) | \leqslant L \| x - y \|.$$

假设 2.1.2 函数 $f(x)$ 满足强制性条件，即：当 $\| x \| \rightarrow +\infty$ 时，有 $f(x) \rightarrow +\infty$.

强制性条件说明了，存在一个有界的闭集 $\Omega \subset R^n$，使得 Ω 包含 $f(x)$ 所有的全局极小点，且 $f(x)$ 在 Ω 中所有极小值小的极小点（局部的或全局的）都是 Ω 的内点.

假设 2.1.3 令 $L(P)$ 是问题(2.1.1)的所有极小点的集合，不同极小值的个数是有限的.

注：假设 2.1.3 只是要求问题(2.1.1)的不同极小值的个数是有限的，极小点个数可以是无限的.

为了下面讨论问题的需要，下面列出文献[31]中有关的定义：

定义 2.1.1[31]　$B^* \subset R^n$ 称作是问题(2.1.1)在极小点 x^* 的盆谷，如果它是一个连通的区域且满足下面的性质：

(1) $x^* \in B^*$;

(2) 对任意 $x \in B^*$;问题(2.1.1)从 x 出发沿下降轨道收敛到 $\bar{x}$,有 $f(\bar{x}) = f(x^*)$;

(3) 对任意 $x \notin B^*$,问题(2.1.1)从 x 出发沿下降轨道不收敛到 x^*.

定义 2.1.2[31] 设 x^* 是函数 $f(x)$ 的一个局部极大点,则函数 $-f(x)$ 在它的局部极小点 x^* 处的盆谷称为函数 $f(x)$ 在其局部极大点 x^* 处的山头.

定义 2.1.3 设 x_1 和 x_2 是 $f(x)$ 的两个不同的局部极小点.

如果 $f(x_2) > f(x_1)$,则称 x_2 的盆谷比 x_1 的盆谷高,或称 x_1 的盆谷比 x_2 的盆谷低. 如果 $f(x_1) = f(x_2)$,则称 x_1 的盆谷和 x_2 的盆谷具有同样的高度.

下面我们给出一个新的不同于 Ge(1990)文献[31]的填充函数定义如下:

定义 2.1.4 $P(x, x^*)$ 称为 $f(x)$ 的在局部极小点 x^* 处的填充函数,如果 $P(x, x^*)$ 具有下面的性质:

(1) x^* 是 $P(x, x^*)$ 的局部极大点;

(2) 如果 $f(x) \geq f(x^*)$,且 $x \neq x^*$,那么 $\nabla P(x, x^*) \neq 0$;

(3) 如果 $f(x)$ 的一个局部极小点 x_1^* 满足 $f(x_1^*) < f(x^*)$,则在 x_1^* 的邻域内一定存在一点 $\bar{x}_1^*$,即 $\bar{x}_1^* \in O(x_1^*, \delta)$,这个点 $\bar{x}_1^*$ 是 $P(x, x^*)$ 的一个局部极小点,并且有 $f(\bar{x}_1^*) < f(x^*)$.

新填充函数定义的这些性质保证了,当用一个局部下降方法去极小化构造的填充函数时,产生的迭代点列不可能在高于盆谷 B^* 的其他盆谷里面终止,当存在比盆谷 B^* 低的其他盆谷时,一定可以找到填充函数的一个终止点,它的函数值小于 $f(x^*)$. 也就是说,如果 x^* 不是 $f(x)$ 的全局极小点,而 $P(x, x^*)$ 是满足**定义** 2.1.4 的一个填充函数时,$P(x, x^*)$ 的极小点一定属于集合 $S = \{x \in R^n \mid f(x) < f(x^*)\}$. 从而可以通过极小化原目标函数 $f(x)$ 来得到它的更好的局部极小点.

本章下面的结构是:第二部分提出了带两个参数的满足所给新

定义的一个填充函数,并且讨论了它的性质;第三部分给出了两个全
局优化算法;第四部分给出了测试函数的数值计算结果;最后结论在
第五部分.

在下面的讨论中,假设点 x^* 是一个已经求到的 $f(x)$ 的局部极小
点(该点可以用任一局部极小化方法去极小化原目标函数而得到).

2.2 改进定义下的填充函数及性质

本章提出的关于问题(2.1.1)的一个 $f(x)$ 在局部极小点 x^* 处的
填充函数形式是

$$P(x, x^*, r, q) = \frac{\ln(1+q \mid f(x)-f(x^*)+r \mid)}{1+q \| x-x^* \|},$$

$$(2.2.1)$$

这里 $r > 0$ 和 $q > 0$ 是两个参数,

$$0 < r < \beta = \min_{x_1^* \in \underline{L}(P)} f(x^*) - f(x_1^*), \qquad (2.2.2)$$

而

$$\underline{L}(P) = \{x_1^* \in L(P) \subseteq R^n \mid f(x_1^*) < f(x^*)\}.$$

当参数 r 和 q 满足适当条件的时候,下面的几个定理说明函数 $P(x,$
$x^*, r, q)$ 是满足定义 2.1.4 的一个填充函数.

定理 2.2.1 对任何 $r > 0$ 和 $q > 0$, x^* 是 $P(x, x^*, r, q)$ 的一
个严格局部极大点.

证明 因为

$$P(x, x^*, r, q) = \frac{\ln(1+q \mid f(x)-f(x^*)+r \mid)}{1+q \| x-x^* \|}$$

$$\leqslant \frac{\ln(1+q(L \| x-x^* \| +r \mid))}{1+q \| x-x^* \|}.$$

$$P(x^*, x^*, r, q) = \ln(1 + qr).$$

设

$$F(x) = \ln(1 + q(L \parallel x - x^* \parallel + r \mid)), \ x \neq x^*.$$

由中值定理可得

$$F(x) = F(x^*) + \nabla F^T(x^* + \lambda(x - x^*))(x - x^*), \ \lambda \in (0, 1).$$

则

$$\ln(1 + q(L \parallel x - x^* \parallel + r \mid))$$

$$= \ln(1 + qr) + \frac{qL(x - x^*)^T(x - x^*)}{(1 + q(L\lambda \parallel x - x^* \parallel + r)) \parallel x - x^* \parallel},$$

和

$$\frac{\ln(1 + q(L \parallel x - x^* \parallel + r \mid))}{1 + q \parallel x - x^* \parallel}$$

$$= \frac{\ln(1 + qr)}{1 + q \parallel x - x^* \parallel} + \frac{qL \parallel x - x^* \parallel}{(1 + q \parallel x - x^* \parallel)(1 + q(L\lambda \parallel x - x^* \parallel + r))}$$

$$\leqslant \frac{\ln(1 + qr)}{1 + q \parallel x - x^* \parallel} + \frac{qL \parallel x - x^* \parallel}{(1 + q \parallel x - x^* \parallel)(1 + qr)}.$$

当 $q > 0$ 充分大的时候,有

$$-(1 + qr)\ln(1 + qr) + L < 0,$$

亦即

$$-\ln(1 + qr) + \frac{L}{1 + qr} < 0. \tag{2.2.3}$$

因为

$$\ln(1 + qr)\left(\frac{1}{1 + q \parallel x - x^* \parallel} - 1\right) + \frac{qL \parallel x - x^* \parallel}{(1 + q \parallel x - x^* \parallel)(1 + qr)}$$

$$= \ln(1+qr)\left(\frac{-q\parallel x-x^*\parallel}{1+q\parallel x-x^*\parallel}\right)+\frac{qL\parallel x-x^*\parallel}{(1+q\parallel x-x^*\parallel)(1+qr)}$$

$$= \frac{q\parallel x-x^*\parallel}{1+q\parallel x-x^*\parallel}\left(-\ln(1+qr)+\frac{L}{1+qr}\right).$$

由(2.2.3)式有

$$\ln(1+qr)\left(\frac{1}{1+q\parallel x-x^*\parallel}-1\right)+\frac{qL\parallel x-x^*\parallel}{(1+q\parallel x-x^*\parallel)(1+qr)}<0,$$

亦即

$$\ln(1+qr)\frac{1}{1+q\parallel x-x^*\parallel}+\frac{qL\parallel x-x^*\parallel}{(1+q\parallel x-x^*\parallel)(1+qr)}<$$

$$\ln(1+qr).$$

因此对所有的 $x\in O(x^*,\delta)$ 并且 $x\neq x^*$,均有

$$P(x^*,\ x^*,\ r,\ q)>P(x,\ x^*,\ r,\ q).$$

这就证明了该定理的结论.

定理 2.2.2 如果一个点 x 满足不等式 $f(x)\geqslant f(x^*)$ 且不等于 x^*,则当 $q>0$ 且下面不等式

$$(1+qW_0)\nabla f_0-(1+qr)\ln(1+qr)<0 \qquad (2.2.4)$$

成立时,有

$$\nabla P(x,\ x^*,\ r,\ q)\neq 0. \qquad (2.2.5)$$

这里

$$W_0=\max_{x\in\Omega}\parallel x-x^*\parallel>0,$$

$$\nabla f_0=\max_{x\in\Omega}\parallel\nabla f(x)\parallel>0.$$

证明 当 $f(x)\geqslant f(x^*)$ 时

$$P(x, x^*, r, q) = \frac{\ln(1 + q(f(x) - f(x^*) + r))}{1 + q \| x - x^* \|},$$

$$\nabla P(x, x^*, r, q)$$

$$= \frac{q \nabla f(x)}{(1 + q(f(x) - f(x^*) + r))(1 + q \| x - x^* \|)} -$$

$$\frac{q \ln(1 + q(f(x) - f(x^*) + r))}{(1 + q \| x - x^* \|)^2} \cdot \frac{x - x^*}{\| x - x^* \|}$$

$$= \frac{q}{(1 + q \| x - x^* \|)^2 (1 + q(f(x) - f(x^*) + r))} \cdot$$

$$\left\{ \nabla f(x)(1 + q \| x - x^* \|) - (1 + q(f(x) - f(x^*) + r)) \right.$$

$$\left. \ln(1 + q(f(x) - f(x^*) + r)) \cdot \frac{x - x^*}{\| x - x^* \|} \right\},$$

因此

$$\nabla^T P(x, x^*, r, q) \cdot \frac{x - x^*}{\| x - x^* \|}$$

$$= \frac{q}{(1 + q \| x - x^* \|)^2 (1 + q(f(x) - f(x^*) + r))} \cdot$$

$$\left\{ (1 + q \| x - x^* \|) \nabla^T f(x) \frac{x - x^*}{\| x - x^* \|} - (1 + \right.$$

$$\left. q(f(x) - f(x^*) + r)) \ln(1 + q(f(x) - f(x^*) + r)) \right\}$$

$$\leqslant \frac{q}{(1 + q \| x - x^* \|)^2 (1 + q(f(x) - f(x^*) + r))} \cdot$$

$$\{ (1 + qW_0) \nabla f_0 - (1 + qr) \ln(1 + qr) \}.$$

当 $q > 0$ 且下面不等式

$$(1 + qW_0)\, \nabla f_0 - (1 + qr)\ln(1 + qr) < 0$$

满足时,有

$$\nabla^T P(x,\, x^*,\, r,\, q) \cdot \frac{x - x^*}{\| x - x^* \|} < 0.$$

所以

$$\nabla P(x,\, x^*,\, r,\, q) \neq 0. \qquad \square$$

这个定理说明,当不等式

$$(1 + qW_0)\, \nabla f_0 - (1 + qr)\ln(1 + qr) < 0$$

成立的时候,任何满足 $f(x) \geqslant f(x^*)$ 的且不等于 x^* 的点 x 都不是 $P(x,\, x^*,\, r,\, q)$ 的稳定点. 而上述不等式当 $q > 0$ 足够大时,一定成立.

推论 2.2.1 如果一个点 x_1 满足 $\nabla^T P(x_1,\, x^*,\, r,\, q) = 0$,则 x_1 一定属于集合 $\{x \in \Omega \mid f(x) < f(x^*)\}$.

定理 2.2.3 设 x_1 和 x_2 是满足下列关系的

$$\| x_1 - x^* \| \geqslant \| x_2 - x^* \| + \delta > 0,\ \delta > 0 \qquad (2.2.6)$$

的两个不同的点,且令

$$\varepsilon_0 = \frac{1}{2}\left(1 - \frac{\| x_2 - x^* \|}{\| x_1 - x^* \|} \right) > 0$$

是一个很小的常数. 它们的函数值满足下列关系式

$$\min\{f(x_1),\, f(x_2)\} \geqslant f(x^*). \qquad (2.2.7)$$

则当 $q > 0$ 充分大的时候,有

$$P(x_1,\, x^*,\, r,\, q) < P(x_2,\, x^*,\, r,\, q). \qquad (2.2.8)$$

证明 由(2.2.7)式可以得到

$$P(x_i, x^*, r, q) = \frac{\ln(1+q(f(x_i)-f(x^*)+r))}{1+q\|x_i-x^*\|}, \quad i=1,2.$$

分下面两种情况考虑：

1. 如果 $f(x^*) \leqslant f(x_1) \leqslant f(x_2)$，则(2.2.8)显然成立；

2. 如果 $f(x^*) \leqslant f(x_2) < f(x_1)$，下面证明(2.2.8)也是成立的.

因为

$$\lim_{q \to +\infty} \frac{1+q\|x_2-x^*\|}{1+q\|x_1-x^*\|} = \frac{\|x_2-x^*\|}{\|x_1-x^*\|} < 1. \quad (2.2.9)$$

$$\lim_{q \to +\infty} \frac{\ln(1+q(f(x_2)-f(x^*)+r))}{\ln(1+q(f(x_1)-f(x^*)+r))}$$

$$= \lim_{q \to +\infty} \frac{f(x_2)-f(x^*)+r}{1+q(f(x_2)-f(x^*)+r)} \Big/ \frac{f(x_1)-f(x^*)+r}{1+q(f(x_1)-f(x^*)+r)}$$

$$= 1. \quad (2.2.10)$$

令

$$\varepsilon_0 = \frac{1}{2}\left(1 - \frac{\|x_2-x^*\|}{\|x_1-x^*\|}\right) > 0$$

由(2.2.9)知道，存在正整数 $N_1 > 0$，当 $q > N_1$ 时，有

$$\frac{1+q\|x_2-x^*\|}{1+q\|x_1-x^*\|} < \frac{\|x_2-x^*\|}{\|x_1-x^*\|} + \varepsilon_0$$

$$= \frac{\|x_1-x^*\| + \|x_2-x^*\|}{2\|x_1-x^*\|}.$$

$$(2.2.11)$$

由(2.2.10)知道，存在正整数 $N_2 > 0$，当 $q > N_2$ 时，有

$$\frac{\ln(1+q(f(x_2)-f(x^*)+r))}{\ln(1+q(f(x_1)-f(x^*)+r))}>1-\varepsilon_0$$

$$=\frac{\|x_1-x^*\|+\|x_2-x^*\|}{2\|x_1-x^*\|}.$$

$$(2.2.12)$$

取 $N=\max(N_1,N_2)>0$,则当 $q>N$ 时,(2.2.11)和(2.2.12)两式同时成立,也就是有

$$\frac{\ln(1+q(f(x_2)-f(x^*)+r))}{\ln(1+q(f(x_1)-f(x^*)+r))}>\frac{1+q\|x_2-x^*\|}{1+q\|x_1-x^*\|},$$

亦即

$$\frac{\ln(1+q(f(x_1)-f(x^*)+r))}{1+q\|x_1-x^*\|}<\frac{\ln(1+q(f(x_2)-f(x^*)+r))}{1+q\|x_2-x^*\|}.$$

这样,当 $\|x_1-x^*\|\geqslant\|x_2-x^*\|+\delta>0$, $\delta>0$ 时,有

$$P(x_1,x^*,r,q)<P(x_2,x^*,r,q). \qquad \square$$

通过上边的几个定理,可以看出,填充函数(2.2.1)满足定义 2.1.3 中的前面两个条件.

定理 2.2.4 设 x_1 和 x_2 是满足条件

$$\|x_1-x^*\|>\|x_2-x^*\|>0$$

的两个不同的点,如果条件 $f(x_2)\geqslant f(x^*)>f(x_1)$ 和 $f(x_1)-f(x^*)+r>0$ 同时满足,则有下面的结论成立

$$P(x_1,x^*,r,q)<P(x_2,x^*,r,q).$$

证明 由定理所给出的条件可得

$$P(x_1,x^*,r,q)=\frac{\ln(1+q(f(x_1)-f(x^*)+r))}{1+q\|x_1-x^*\|},$$

和

$$P(x_2, x^*, r, q) = \frac{\ln(1 + q(f(x_2) - f(x^*) + r))}{1 + q \parallel x_2 - x^* \parallel},$$

因为

$$\frac{1}{1 + q \parallel x_1 - x^* \parallel} < \frac{1}{1 + q \parallel x_2 - x^* \parallel},$$

和

$$0 < f(x_1) - f(x^*) + r < f(x_2) - f(x^*) + r,$$

因此下式成立

$$P(x_1, x^*, r, q) < P(x_2, x^*, r, q). \qquad \square$$

注: 定理 2.2.4 保证了在极小化搜索 $P(x, x^*, r, q)$ 的极小点时候，不会再回到原来的盆谷 B^*.

定理 2.2.5 如果 $f(x)$ 的一个局部极小点 x_1^* 满足 $f(x_1^*) < f(x^*)$，则在 x_1^* 的邻域内一定存在一点 $\bar{x}_1^*$，即 $\bar{x}_1^* \in O(x_1^*, \delta)$，这个点 $\bar{x}_1^*$ 是 $P(x, x^*, r, q)$ 的一个局部极小点，并且有 $f(\bar{x}_1^*) < f(x^*)$.

证明 因为 x_1^* 是 $f(x)$ 的一个局部极小点，且满足 $f(x_1^*) < f(x^*)$，因此有 $\beta \leqslant f(x^*) - f(x_1^*)$，由 (2.2.2) 式可以得到如下关系

$$f(x_1^*) - f(x^*) + r \leqslant -\beta + r < 0. \qquad (2.2.13)$$

又因为 $f(x) - f(x^*) + r$ 是连续函数，所以存在 x_1^* 的一个邻域 $O(x_1^*, \delta)$，对任何 $x \in O(x_1^*, \delta)$，有

$$f(x) - f(x^*) + r < 0 \qquad (2.2.14)$$

成立. 令

$$\beta_1 = \inf_{x \in O(x_1^*, \delta)} [f(x^*) - f(x)] > 0.$$

当 $q > 0$ 和 $0 < \beta_1 < r < \beta$ 时，一定存在 $x_2 \in O(x_1^*, \delta) \bigcup \partial O(x_1^*, \delta)$，使得 $\beta_1 = f(x^*) - f(x_2)$，这样

$$f(x_2) - f(x^*) + r = -\beta_1 + r > 0. \qquad (2.2.15)$$

由 $(2.2.14)$ 和 $(2.2.15)$ 知道，存在一点 $\bar{x}_1^* \in O(x_1^*, \delta)$，使得

$$f(\bar{x}_1^*) - f(x^*) + r = 0.$$

所以

$$P(\bar{x}_1^*, x^*, r, q) = \frac{\ln(1 + q \mid f(\bar{x}_1^*) - f(x^*) + r \mid)}{1 + q \parallel \bar{x}_1^* - x^* \parallel} = 0.$$

另一方面，对任何的 $x \in \Omega$ 并且 $x \neq \bar{x}_1^*$，都有

$$P(x, x^*, r, q) = \frac{\ln(1 + q \mid f(x) - f(x^*) + r \mid)}{1 + q \parallel x - x^* \parallel} \geqslant 0.$$

这样就证明了，点 $\bar{x}_1^*$ 是 $P(x, x^*, r, q)$ 的一个全局极小点，当然也是局部极小点并且还满足

$$f(\bar{x}_1^*) < f(x^*). \qquad \Box$$

通过上面定理 2.2.1—2.2.5 的证明，的确说明了 $P(x, x^*, r, q)$ 是满足定义 2.1.3 的 $f(x)$ 在局部极小点 x^* 处的一个填充函数.

2.3 两个全局优化算法和数值计算结果

针对上面讨论的新的填充函数 $P(x, x^*, r, q)$ 的理论性质，下面提出寻找原目标函数 $f(x)$ 的全局极小点的两个新的算法：

两个全局优化算法

算法 1

1. 初始步

选取 $\varepsilon > 0$ 和 $r > 0$ 作为极小化问题 $(2.1.1)$ 的可接受的终止

参数；

选取 $q>0,M>0$；

选取方向 e_i，$i=1,2,\cdots,k_0,k_0>2n$，n 是目标函数变量的个数；

在 Ω 中选取一个初始点 x_1^0；

令 $k=1$.

2. 主步

1° 从 x_k^0 出发，通过局部极小化下降搜索过程得到原问题的一个局部极小点. 令 x_k^* 是原问题的一个局部极小点. 令 $i=1$.

2° 如果 $i>k_0$ 则停止. x_k^* 视作是原问题的一个全局极小点；否则，令 $\overline{x_k^*}=x_k^*+\delta e_i$（这里，$\delta$ 是一个非常小的正数），如果 $f(\overline{x_k^*})<f(x_k^*)$，则令 $k=k+1,x_k^0=\overline{x_k^*}$ 且转到主步 1°；否则转到下面的步 3°.

3° 令

$$P(y,x_k^*,r,q)=\frac{\ln(1+q\mid f(y)-f(x_k^*)+r\mid)}{1+q\parallel y-x_k^*\parallel},$$

和 $y_0=\overline{x_k^*}.m=0$. 进入内循环.

3. 内循环

1° $y_{m+1}=\varphi(y_m)$，这里 φ 是针对函数 $P(y,x_k^*,r,q)$ 的迭代函数，表示一个局部下降搜索方法.

2° 如果 $\parallel y_{m+1}-x_1^0\parallel\geqslant M$，则令 $i=i+1$，转到主步 2°；否则，转到下一步 3°.

3° 如果 $f(y_{m+1})\leqslant f(x_k^*)$，则令 $k=k+1,x_k^0=y_{m+1}$ 且转到主步 1°；否则令 $m=m+1$ 且转到内循环步 1°.

算法 2

1. 初始步

选取 $\varepsilon>0$ 和 $r>0$ 作为极小化问题(2.1.1)的可接受的终止参数；

选取 $q > 0, M > 0, Q > 0$ 和 $N > 0$；

在 Ω 中选取一个初始点 x_1^0；

令 $k = 1$.

2. 主步

1° 从 x_k^0 出发, 通过局部极小化下降搜索过程得到原问题的一个局部极小点. 令 x_k^* 是原问题的一个局部极小点. 令 $n = 1$.

2° 如果 $q > Q$ 则停止. 把 x_k^* 视作是原问题的一个全局极小点；否则令

$$P(y, x_k^*, r, q) = \frac{\ln(1 + q \mid f(y) - f(x_k^*) + r \mid)}{1 + q \parallel y - x_k^* \parallel},$$

且选取任意一个初始点 $y_0 \in \Omega$. $m = 0$. 进入内循环.

3. 内循环

1° $y_{m+1} = \varphi(y_m)$, 这里 φ 是针对函数 $P(y, x_k^*, r, q)$ 的迭代函数, 表示一个局部下降搜索方法.

2° 如果 $\parallel y_{m+1} - x_0^1 \parallel \geqslant M$, 则转到下面的步 3°.

3° 如果 $n > N$, 则令 $q = 10q, n = 1$, 转到主步 2°；否则令 $n = n + 1$ 转到主步 2°.

4° 如果 $f(y_{m+1}) \leqslant f(x_k^*)$ 或者 $(y_{m+1} - x_k^*)^t \nabla f(y_{m+1}) \leqslant 0$, 则令 $k = k + 1, x_k^0 = y_{m+1}$ 且转到主步 1°；否则令 $m = m + 1$ 转到内循环步 1°.

数值计算结果

1. 测试函数

(i) 6-hump back camel 函数：

$$f(x) = 2x_1^2 - 2.1x_1^4 + \frac{1}{3}x_1^6 - x_1x_2 - 4x_2^2 + 4x_2^4,$$

$$-3 \leqslant x_1, x_2 \leqslant 3.$$

它在可行域里面有若个局部极小点,但只有两个全局最小解:
$x^* = (0.089\,8,\ 0.712\,7)$ 或 $(-0.089\,8,\ -0.712\,7)$ 和 $f^* = -1.031\,6$.

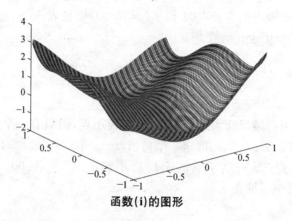

函数(i)的图形

(ii) Goldstein and Price 函数[33]:

$$f(x) = \big[1 + (x_1 + x_2 + 1)^2(19 - 14x_1 + 3x_1^2 - 14x_2 +$$

$$6x_1x_2 + 3x_2^2)\big] \times \big[30 + (2x_1 - 3x_2)^2(18 - 32x_1 +$$

$$12x_1^2 + 48x_2 - 36x_1x_2 + 27x_2^2)\big],$$

$$-3 \leqslant x_1,\ x_2 \leqslant 3.$$

它在给出的可行域里面有四个局部极小点,但只有唯一的一个全局极小解:$x^* = (0.000\,0,\ -1.000\,0)$ 和 $f^* = 3.000\,0$. 取定一个初始点 $x = (-2, -1)$,求出两个局部极小点,就得到了它的全局最小解:$x^* = (0.000\,0,\ -1.000\,0)$ 和 $f^* = 3.000\,0$. 见表2.

(iii) Treccani 函数[33]:

$$f(x) = x_1^4 + 4x_1^3 + 4x_1^2 + x_2^2,$$

$$-3 \leqslant x_1,\ x_2 \leqslant 3.$$

它在可行域里面有两个局部极小点,均为全局最小解：$x^* = (0.000\,0, 0.000\,0)$ 或 $(-2.000\,0, 0.000\,0)$ 和 $f^* = 0.000\,0$. 取定一个初始点 $x = (-2, 1)$,求出三个局部极小点,就得到了它的全局最小解：$(-2.000\,0, 0.000\,0)$ 和 $f^* = 0.000\,0$. 见表 3.

(ⅳ) Rastrigin 函数[53]：

$$f(x) = x_1^2 + x_2^2 - \cos(18x_1) - \cos(18x_2),$$

$$-1 \leqslant x_1, x_2 \leqslant 1.$$

它在可行域里面大约有 50 个局部极小点,但只有一个全局极小点 $x^* = (0.00, 0.00)$. 取定一个初始点 $x = (0.80, 0.80)$,求出三个局部极小点,就得到了它的全局最小解：$x^* = (0.00, 0.00)$ 和 $f^* = -2.00$. 见表 4.

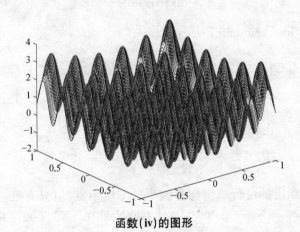

函数(ⅳ)的图形

(ⅴ) 2-dimensional 函数[42]：

$$f(x) = [1 - 2x_2 + c\sin(4\pi x_2) - x_1]^2 + [x_2 - 0.5\sin(2\pi x_1)]^2,$$

$$-10 \leqslant x_1, x_2 \leqslant 10.$$

这里 $c = 0.2, 0.5, 0.05$. 取初始点 $x = (0, 0)$,求出四个局部极

小点,就得到了它的全局最小解:$f^* = 0.000\,0$ 对所有的 c. 见表 5.

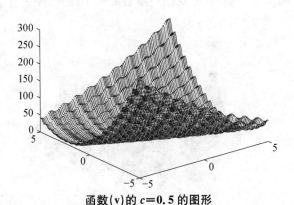

函数(v)的 $c=0.5$ 的图形

(vi) 2-dimensional Shubert 函数 Ⅲ[33]:

$$f(x) = \left\{ \sum_{i=1}^{5} i\cos[(i+1)x_1 + i] \right\} \left\{ \sum_{i=1}^{5} i\cos[(i+1)x_2 + i] \right\},$$

$$-10 \leqslant x_1,\, x_2 \leqslant 10.$$

它在可行域里面有 760 个局部极小点,18 个全局极小点,但只有一个最优值 $f^* = -186.730\,9$. 取定一个初始点 $x = (1, 1)$,求出 5 个局部极小点,得到其中一个全局极小解为:$x^* = (-1.425\,2,\, -0.800\,3)$ 和 $f^* = -186.730\,9$. 见表 6.

(vii) n-dimensional Sine-square 函数 Ⅰ[33]:

$$f(x) = \frac{\pi}{n} \left\{ 10\sin^2(\pi x_1) + \sum_{i=1}^{n-1} (x_i - 1)^2 \right.$$

$$\left. [1 + 10\sin^2(\pi x_{i+1})] + (x_n - 1)^2 \right\},$$

$$-10 \leqslant x_1,\, x_2 \leqslant 10 \quad i = 1, 2, \cdots, n.$$

对 $n = 2, 3, 6, 10$ 进行测试. 它在可行域里面粗略的有 10^n 个局部极小点，但只有一个最优解：$x^* = (1.000\ 0,\ 1.000\ 0,\ \cdots,\ 1.000\ 0)$ 和 $f^* = 0.000\ 0$. 我们对维数 $n = 10$ 的情况进行了计算. 见表 7.

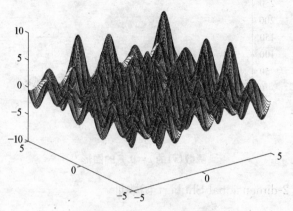

函数(vi)的 $c = 0.5$ 的图形

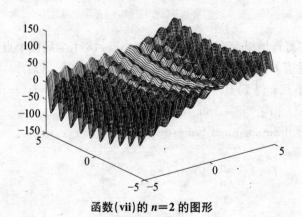

函数(vii)的 $n = 2$ 的图形

2. 计算结果

对上面给出的每一个测试函数，采用算法 2，并且在主步和内循环中求目标函数以及填充函数的极小点均采用梯度法，算法主要选

代的结果我们用表格的形式列出,各个符号代表的意义如下:

x_k^0:第 k 次初始点;

k:找到第 k 次局部极小点的迭代数;

x_k^*:第 k 次局部极小点;

$f(x_k^*)$:第 k 次局部极小点的函数值.

表 1　函数(i)

k	x_k^0	x_k^*	$f(x_k^*)$
1	$(-2, -1)$	$(-1.928\,3, -0.806\,1)$	$0.510\,7$
2	$(0.378\,8, -0.511\,3)$	$(-8.994\,6\mathrm{e}-02, -0.710\,7)$	$-1.031\,6$
3	$(9.147\,2\mathrm{e}-02, 0.712\,6)$	$(9.147\,2\mathrm{e}-02, 0.712\,6)$	$-1.031\,6$

表 2　函数(ii)

k	x_k^0	x_k^*	$f(x_k^*)$
1	$(-2, -1)$	$(-1.018\,4, -1.639\,5)$	$740.587\,3$
2	$(-0.403\,9, -1.256\,4)$	$(-7.576\,9\mathrm{e}-04, -1.000\,6)$	$3.000\,1$

表 3　函数(iii)

k	x_k^0	x_k^*	$f(x_k^*)$
1	$(-2, 1)$	$(2.762\,3\mathrm{e}-06, -4.999\,2\mathrm{e}-02)$	$2.499\,2\mathrm{e}-03$
2	$(-1.974\,9, 3.657\,2\mathrm{e}-03)$	$(-1.987\,3, 3.066\,9\mathrm{e}-03)$	$6.440\,6\mathrm{e}-04$
3	$(-5.243\,3\mathrm{e}-03, 2.301\,2\mathrm{e}-02)$	$(-5.023\,9\mathrm{e}-03, 2.300\,6\mathrm{e}-02)$	$6.385\,7\mathrm{e}-04$

表 4　函数(iv)

k	x_k^0	x_k^*	$f(x_k^*)$
1	(0.8, 0.8)	(0.693 9, 0.693 9)	−1.031 2
2	(0.308 4, 6.463 9e−02)	(−0.346 9, 4.423 1e−05)	−1.878 9
3	(3.207 2e−02, −1.176 5e−02)	(6.111 7e−05, −2.136 8e−05)	−1.999 9

表 5　函数 (v)

k	x_k^0	x_k^*	$f(x_k^*)$
1	(0, 0)	(4.156 2e−02, −9.480 7e−02)	0.517 5
2	(0.234 5, 0.558 6)	(0.229 9, 0.555 8)	3.933 3e−03
3	(1.770 2, −0.553 8)	(1.897 5, −0.300 4)	6.641 5e−07
4	(1.897 5, −0.300 4)	(1.897 5, −0.300 5)	1.972 3e−07

表 6　函数(vi)

k	x_k^0	x_k^*	$f(x_k^*)$
1	(1, 1)	(8.329 8, 8.329 8)	5.394 8e−07
2	(0.195 0, 0.828 8)	(0.334 2, 0.821 8)	−14.427 5
3	(4.225 9, −5.433 4)	(4.275 9, −5.461 4)	−23.136 7
4	(−0.614 3, −9.847 4e−02)	(−0.800 2, −0.195 4)	−123.576 8
5	(0.615 1, 0.762 8)	(−0.800 4, −1.425 1)	−186.730 9

表 7 函数(vii)

k	x_k^0	x_k^*	$f(x_k^*)$
1	$(5, 5, 5, 5, 5, 5, 5, 5, 5, 5)$	$(-0.936\,6, 2.994\,0,$ $1.997\,3, 2.974\,1,$ $2.994\,6, 2.994\,8,$ $2.994\,8, 2.994\,9,$ $2.995\,3, 2.493\,3\text{e}{-}03)$	$10.693\,3$
2	$(1.838\,2, 0.205\,9,$ $2.664\,2, 0.984\,3,$ $2.456\,5, 1.031\,5,$ $1.202\,9, 2.879\,3,$ $0.841\,8, 1.638\,7)$	$(1.968\,2, 1.114\,3\text{e}{-}02,$ $2.979\,4, 1.001\,0,$ $1.078\,0, 1,$ $1.000\,0, 1.097\,1,$ $1, 1)$	$1.034\,7$
3	$(1.968\,6, 1.000\,0,$ $0.999\,9, 0.990\,4,$ $1, 1.002\,3,$ $1, 1.000\,0,$ $1, 0.995\,8)$	$(1.000\,0, 0.999\,9,$ $0.999\,9, 0.999\,9,$ $0.988\,5, 1,$ $0.999\,9, 0.997\,8,$ $1, 1.002\,1)$	$4.428\,5\text{e}{-}05$

2.4 结论

对连续全局最优化问题(2.1.1),本章给出了不同于 Ge(1990)文献[31]的填充函数的新定义,并且提出了含两个可调参数的一个填充函数(2.2.1).通过讨论该函数的理论性质可知,它可以克服 Ge(1990)文献[31]的填充函数的几个不足之处.针对该填充函数,提出了求无约束全局最优化问题的两个新的填充函数算法.通过对多个测试函数的具体数值计算,显示出了算法是有效和可行的.

第三章 非线性整数规划问题的填充函数

本章部分内容写取材于文献[90, 92].

3.1 引言

一般地说,求解非线性规划比求解线性规划要困难得多.同样,求解非线性整数规划远比求解线性整数规划困难.在过去的整数规划研究中,人们大都局限于线性整数规划的研究,而对非线性整数规划研究甚少.目前非线性整数规划求解方法还仅局限于一些特殊结构类型的问题.虽然,利用非线性函数的"线性化"技术可以把一个非线性整数规划问题转化为线性整数规划问题,但要这要增加许多新的变量,使问题的规模变得更大.而且,近似程度还比较差.

众所周知,线性整数规划问题是 NP-完全的,求该问题精确解的算法具有指数复杂性.但线性整数规划问题的算法,如:分支定界法、隐枚举法、割平面法等,近来得到快速发展.而非线性整数规划问题则更困难.已被证明,目标线性约束二次的整数规划问题在全空间上求解是不可判定的,即不存在求解该问题的算法.因此,发展非线性整数规划问题的算法显得尤为重要.

对连续非线性全局最优化问题,人们已经找到了许多种确定性算法,例如填充函数法[31, 32, 33, 53, 54, 122]、隧道函数法[1],等等,但是对于非线性的整数规划问题,最早提出把非线性整数规划"连续化"的是文献[34]和[123],随后的文献[124]在文献[33]的基础上给出了非线性整数规划问题填充函数的一个定义,并且提出了一个填充函数.该填充函数含有两个参数并且参数要满足一定的条件,才能够保证所给出的填充函数存在极小点比原目标函数的原来极小点更小.

这一章的内容是在文献[33]的基础上,对其连续优化情况下的具有强制性的填充函数定义进行改进,给出一个新的关于整数规划问题的填充函数定义,并且改变文献[125]中填充函数的条件,提出一个满足新定义的填充函数.本章内容的下面结构是:第二部分给出了关于整数规划问题的填充函数的改进定义;第三部分,在文献[125]的基础上构造了一个满足该定义的只含有一个参数的填充函数,并且讨论了该函数的有关性质;算法和数值计算结果在第四部分;最后在第五部分,给出了该文章的结论.

3.2 非线性整数规划问题的填充函数的定义

考虑下面的非线性整数规划问题

$$(P_I) \quad \begin{cases} \min f(x), \\ s.t. \ x \in X_I, \end{cases} \quad (3.2.1)$$

这里 $X_I \subset I^n$ 是一个有界的且是闭的箱子集合,并且包含的可行域点数多于一个,I^n 是 R^n 中的整数点集合. 因为 X_I 是一个有界的且是闭的箱子集合,所以存在一个正的常数 K,使得

$$1 \leqslant K = \max_{x^1, x^2 \in X_I} \| x^1 - x^2 \| < \infty, \ x_1 \neq x_2,$$

这里的 $\| \cdot \|$ 是欧几里得(Euclidean)范数.

重新定义 $f(x)$:

$$f(x) = \begin{cases} f(x), \ x \in X_I, \\ +\infty, \ x \in I^n \backslash X_I. \end{cases}$$

于是问题(3.2.1)等价于

$$(P_I)_0 \quad \begin{cases} \min f(x), \\ s.t. \ x \in I^n, \end{cases} \quad (3.2.2)$$

注意：问题 (P_I) 中的集合 X_I 也可以定义为是等式约束或者是不等式约束. 进一步, 当目标函数函数 $f(x)$ 满足强制性条件, 也就是当 $\|x\| \rightarrow \infty$ 时有 $f(x) \rightarrow \infty$. 那么, 就存在一个箱子集合包含 $f(x)$ 的所有全局极小点. 这样的话, 无约束的非线性整数规划问题

$$(UP_I) \quad \begin{cases} \min f(x) \\ s.t. \ x \in I^n \end{cases} \quad (3.2.3)$$

就等价于问题 (P_I). 换句话说, 无论是无约束的还是有约束的非线性整数规划问题都等同于考虑问题 (P_I).

至今求解问题 (P_I) 的算法还很初步, 但基本上可分为二类: 一类是基于随机算法; 另一类是确定性算法, 其中多数可归结为贪婪算法类. 我们知道, 贪婪 (或局部搜索) 算法是很基本的一类算法, 它是求解离散问题局部最优解的比较好的方法. 在连续总体优化中, 填充函数法可用于找比当前局部最优解好的解. 利用这个优点, 把问题 (P_I) 变换为连续总体优化问题, 然后再用填充函数法求解. 但这样需要假设问题 (P_I) 的目标函数是二阶连续可微的, 而且填充函数中的参数不易选取.

利用连续总体优化填充函数法的思想, 我们欲运用填充函数直接求解非线性整数规划问题 (P_I), 在利用离散局部极小解定义和设计用于找离散局部极小解的局部搜索算法的基础上, 通过极小化非线性整数规划问题的填充函数来找比当前离散局部极小解更好的解. 本章内容主要讨论求解非线性整数规划问题 (P_I) 的填充函数及其性质.

下面为了讨论问题的方便, 列出有关非线性整数规划问题的几个定义.

定义 3.2.1 整数集合 I^n 中坐标方向的单位向量集合定义为 $D = \{\pm e_i : i = 1, 2, \cdots, n\}$, 其中 e_i 是第 i 个分量为 1、其余分量为 0

的 n 维单位向量.

定义 3.2.2 对整数点集合 I^n 中的任一点 x,我们定义该点的邻域和空心邻域分别为 $N(x) = \{x, x \pm e_i: i = 1, 2, \cdots, n\}$ 和 $N^0(x) = N(x)\backslash\{x\}$.

有了整点的邻域概念,下面定义非线性整数规划问题 (P_I) 的离散局部极小和全局极小点的概念.

定义 3.2.3 整数点 $x_0 \in X_I$ 称为关于问题 (P_I) 的在集合 X_I 上离散局部极小点,如果对集合 $N(x_0) \bigcap X_I$ 中所有点 x,均有 $f(x) \geqslant f(x_0)$ 成立;整点 $x_0 \in X_I$ 称为关于问题 (P_I) 的在集合 X_I 上离散全局极小点,如果对集合 X_I 中所有点 x,均有 $f(x) \geqslant f(x_0)$ 成立.

定义 3.2.4 整数点 $x_0 \in X_I$ 称为关于问题 (P_I) 的在集合 X_I 上严格离散局部极小点,如果对集合 $N^0(x_0) \bigcap X_I$ 中所有点 x,均有 $f(x) > f(x_0)$ 成立;整点 $x_0 \in X_I$ 称为关于问题 (P_I) 的在集合 X_I 上严格离散全局极小点,如果对集合 $X_I\backslash\{x_0\}$ 中所有点 x,均有 $f(x) > f(x_0)$ 成立.

根据定义很显然得到,函数 $f(x)$ 在 X_I 关于问题 (P_I) 的离散全局极小点一定是它的离散局部极小点.

函数 $f(x)$ 在 X_I 关于问题 (P_I) 的离散局部极小点可以通过下面设计的邻域搜索算法 1 得到.

算法[126]

步 1. 取初始整点 $x_0 \in X_I \subseteq I^n$;

步 2. 如果 x_0 是问题 (P_I) 的在集合 X_I 上的离散局部极小点,则算法终止;否则,在邻域 $N(x_0)$ 内搜索,得到一个点 $x \in N(x_0) \bigcap X_I$ 满足 $f(x) < f(x_0)$;

步 3. 令 $x_0 = x$,转向 2.

下面给出整数规划问题的填充函数的改进定义. 先给出两个集合:

$$S_1 = \{x \in X_I: f(x) \geqslant f(x_1^*)\} \subset X_I,$$

$$S_2 = \{x \in X_I : f(x) < f(x_1^*)\} \subset X_I.$$

为叙述方便,在本章的下面内容中凡是提到的"局部极小点"和"全局极小点",均分别代表的是"离散局部极小点"和"离散全局极小点".

定义 3.2.5 函数 $P_{x_1^*}(x)$ 称为 $f(x)$ 的在局部极小点 x_1^* 的关于非线性整数规划问题(P_I)的一个填充函数,如果该函数 $P_{x_1^*}(x)$ 具有如下的两个性质:

(1) $P_{x_1^*}(x)$在集合 $S_1 \setminus \{x_0\}$ 中没有局部极小点. x_0 是集合 S_1 中事先给定的点并且不要求一定是填充函数 $P_{x_1^*}(x)$ 的局部极小点;

(2) 如果 x_1^* 不是 $f(x)$ 的关于问题(P_I)的全局极小点,则函数 $P_{x_1^*}(x)$一定存在局部极小点 x_1 满足 $f(x_1) < f(x_1^*)$,也就是 x_1 属于集合 S_2.

此处的定义 3.2.5 不同于文献[33]的具有强制性的填充函数的定义,也不同于文献[124]中填充函数的定义,这里的定义是建立在欧几里得(Euclidean)空间的离散集合上的,并且这里的提前给定的 x_0 不作要求,也就是这个点不一定是函数 $P_{x_1^*}(x)$ 的局部极小点.

3.3 非线性整数规划问题的一个单参数填充函数及性质

对非线性整数规划问题(P_I),类似于文献[125],给出 $f(x)$ 在局部极小点 x_1^* 处的单参数填充函数如下:

$$P_{A, x_1^*, x_0}(x) = \eta(\| x - x_0 \|) - \varphi(A \cdot (1 - \exp$$
$$(-[\min\{f(x) - f(x_1^*), 0\}]^2))), \quad (3.3.1)$$

这里 $A > 0$ 是一个参数,整数点 x_0 满足关系 $f(x_0) \geqslant f(x_1^*)$.

为了保证构造的填充函数具有更好的理论性质,假设式子中的两个函数 $\eta(t)$ 和 $\varphi(t)$ 满足如下的一些条件:

(1) $\eta(t)$ 和 $\varphi(t)$ 在集合 $t \in [0, +\infty)$ 上是严格单调增加的函数;

（2）$\eta(0) = 0$，$\varphi(0) = 0$；

（3）当 $x \to +\infty$ 的时候，有 $\varphi(t) \to C > 0$，这里的常数 C 满足 $C \geqslant \max_{x \in X_I} \eta(\parallel x - x_0 \parallel)$.

下面将证明所构造的函数 $P_{A, x_1^*, x_0}(x)$ 满足定义 3.2.5 的两个条件，也就是说所给出的函数 $P_{A, x_1^*, x_0}(x)$ 的确是一个满足所给出的新定义 3.2.5 的一个填充函数. 首先，给出一个引理如下：

引理 3.3.1 对任何整数点 $x \in X_I$，如果 $x \neq x_0$，则一定存在坐标向量 $d \in D = \{\pm e_i : i = 1, 2, \cdots, n\}$，使得

$$\parallel x + d - x_0 \parallel < \parallel x - x_0 \parallel. \tag{3.3.2}$$

证明 因为 $x \neq x_0$，所以存在一个 $i \in \{1, 2, \cdots, n\}$，使得 $x_i \neq x_{0i}$. 如果 $x_i > x_{0i}$，则选取 $d = -e_i$；如果 $x_i < x_{0i}$，则选取 $d = e_i$. □

定理 3.3.1 对任何的 $A > 0$，函数 $P_{A, x_1^*, x_0}(x)$ 在集合 $S_1 \backslash \{x_0\}$ 中没有局部极小点.

证明 由引理 3.3.1 知道，对集合 S_1 中的任意的 x，如果 $x \neq x_0$，那么一定存在一个坐标向量 $d \in D$，使得

$$\parallel x + d - x_0 \parallel < \parallel x - x_0 \parallel.$$

考虑下面的两种情况：

（1）如果 $f(x_1^*) \leqslant f(x+d) \leqslant f(x)$ 或者 $f(x_1^*) \leqslant f(x) \leqslant f(x+d)$，那么有

$$\begin{aligned}
P_{A, x_1^*, x_0}(x+d) &= \eta(\parallel x+d-x_0 \parallel) - \varphi(A \cdot (1-\exp \\
&\quad (-[\min\{f(x+d)-f(x_1^*), 0\}]^2))) \\
&= \eta(\parallel x+d-x_0 \parallel) < \eta(\parallel x-x_0 \parallel) \\
&= \eta(\parallel x-x_0 \parallel) - \varphi(A \cdot (1- \\
&\quad \exp(-[\min\{f(x)-f(x_1^*), 0\}]^2))) \\
&= P_{A, x_1^*, x_0}(x).
\end{aligned}$$

这就说明了,在这一种情况下,x 不是函数 $P_{A,\,x_1^*,\,x_0}(x)$ 的局部极小点.

(2) 如果 $f(x+d) < f(x_1^*) \leqslant f(x)$,那么有

$$
\begin{aligned}
P_{A,\,x_1^*,\,x_0}(x+d) &= \eta(\parallel x+d-x_0 \parallel) - \varphi(A \cdot (1-\\
&\quad \exp(-[\min\{f(x+d)-f(x_1^*),\,0\}]^2)))\\
&= \eta(\parallel x+d-x_0 \parallel) - \varphi(A \cdot (1-\\
&\quad \exp(-[f(x+d)-f(x_1^*)]^2)))\\
&\leqslant \eta(\parallel x+d-x_0 \parallel) < \eta(\parallel x-x_0 \parallel)\\
&= \eta(\parallel x-x_0 \parallel) - \varphi(A \cdot (1-\\
&\quad \exp(-[\min\{f(x)-f(x_1^*),\,0\}]^2)))\\
&= P_{A,\,x_1^*,\,x_0}(x).
\end{aligned}
$$

这也说明了,在这一种情况下,x 仍然不可能是函数 $P_{A,\,x_1^*,\,x_0}(x)$ 的局部极小点.综合上面两种情况可以得出该定理的结论. □

通过上面的定理知道,所构造的函数 $P_{A,\,x_1^*,\,x_0}(x)$ 在没有对参数 $A>0$ 进行其他任何附加限制的情况下,满足所给填充函数定义 3.2.5 的第一个条件.

因为 $X_I = S_1 \bigcup S_2$,如果函数 $P_{A,\,x_1^*,\,x_0}(x)$ 有不等于 x_0 的局部极小点 x,那么 x 一定属于集合 S_2.

很明显,如果 $A=0$,那么函数 $P_{A,\,x_1^*,\,x_0}(x) = \eta(\parallel x-x_0 \parallel)$ 在集合 X_I 中只有唯一的局部极小点 x_0.又因为 $f(x_0) \geqslant f(x_1^*)$,也就是 $x_0 \in S_1$.这就说明了函数 $P_{A,\,x_1^*,\,x_0}(x)$ 在集合 S_2 中没有局部极小点.这种情况说明了函数 $P_{A,\,x_1^*,\,x_0}(x)$ 不可能是 $f(x)$ 在局部极小点 x_1^* 处的填充函数.因此就出现了一个问题,那就是参数 A 应该多大的时候,才可以保证函数 $P_{A,\,x_1^*,\,x_0}(x)$ 在集合 S_2 中有局部极小点.回答这个问题,有下面的定理.

定理 3.3.2 假设 $S_2 = \{x \in X_I : f(x) < f(x_1^*)\} \subset X_I$ 是非空的集合,如果参数 $A > 0$ 满足条件

$$A > \frac{\varphi^{-1}(C) \cdot \exp([f(x^*) - f(x_1^*)]^2)}{\exp([f(x^*) - f(x_1^*)]^2) - 1}, \quad (3.3.3)$$

这里常数 $C \geqslant \max_{x \in X_I} \eta(\|x - x_0\|)$ 并且 x^* 是函数 $f(x)$ 的一个全局极小点,则函数 $P_{A, x_1^*, x_0}(x)$ 在集合 S_2 中有局部极小点.

证明 因为集合 S_2 是非空的,并且 x^* 是函数 $f(x)$ 的一个全局极小点,则有 $f(x^*) < f(x_1^*)$ 成立,并且有

$$P_{A, x_1^*, x_0}(x^*) = \eta(\|x^* - x_0\|) - \varphi(A \cdot (1 -$$
$$\exp(-[\min\{f(x^*) - f(x_1^*), 0\}]^2)))$$
$$= \eta(\|x^* - x_0\|) - \varphi(A \cdot (1 -$$
$$\exp(-[f(x^*) - f(x_1^*)]^2)))$$
$$\leqslant C - \varphi(A \cdot (1 - \exp(-[f(x^*) - f(x_1^*)]^2))).$$

因为函数 $\varphi(t)$ 在集合 $t \in [0, +\infty)$ 上是严格单调增加的,所以 $\varphi^{-1}(t)$ 存在. 当参数 A 满足定理所给条件 (3.3.3) 时,有 $P_{A, x_1^*, x_0}(x^*) < 0$.

另一方面,对任意的 $y \in S_1$,有

$$P_{A, x_1^*, x_0}(y) = \eta(\|y - x_0\|) - \varphi(A \cdot (1 -$$
$$\exp(-[\min\{f(y) - f(x_1^*), 0\}]^2)))$$
$$= \eta(\|y - x_0\|) \geqslant 0.$$

这就说明了函数 $P_{A, x_1^*, x_0}(x)$ 的全局极小点一定属于集合 S_2. 根据前面的结果,一个函数的全局极小点一定是其局部极小点,所以函数 $P_{A, x_1^*, x_0}(x)$ 在集合 S_2 中一定有局部极小点. $\square$

通过上面的定理 3.3.1 和定理 3.3.2 的证明可以知道,当参数 A 满足条件

$$A > \frac{\varphi^{-1}(C) \cdot \exp([f(x^*) - f(x_1^*)]^2)}{\exp([f(x^*) - f(x_1^*)]^2) - 1}$$

的时候,所构造的函数 $P_{A, x_1^*, x_0}(x)$ 的确满足定义 3.2.5 的所有条件,
也就是说,函数 $P_{A, x_1^*, x_0}(x)$ 是一个满足所给新定义的一个填充
函数.

实际问题中,知道函数 $f(x)$ 局部极小点 x_1^* 处的函数值 $f(x_1^*)$,
但是一般的情况下不知道函数 $f(x)$ 的全局极小点 x^* 处的函数值
$f(x^*)$. 所以通过定理 3.3.2 给出的参数 A 的条件(3.3.3)去找到参
数 A 的下界是相当困难的,也是不可能的.

但是,在实际的问题中,是去寻找函数 $f(x)$ 的近似全局极小
值,也就是说,如果对一个给定的可以接受的终止参数 ε,可以找
到一个点 $x \in X_I$,它的函数值满足条件 $f(x) < f(x^*) + \varepsilon$,此处
$f(x^*)$ 是问题的全局极小值,就认为问题 (P_I) 已经解决. 所以只
考虑当前的局部极小点 x_1^* 满足条件 $f(x_1^*) \geqslant f(x^*) + \varepsilon$ 的这样
一种情况.

下面给出一个定理,在这个定理中,给出保证函数 $P_{A, x_1^*, x_0}(x)$
在集合 S_2 中有局部极小点的参数 A 的另一个条件,该条件中参数 A
只依赖于所给定的终止参数 ε,而与全局极小值没有关系.

定理 3.3.3 假设 ε 是一个小的正的常数,参数 $A > 0$ 满足如下条件

$$A > \frac{\varphi^{-1}(C) \cdot \exp(\varepsilon^2)}{\exp(\varepsilon^2) - 1}. \tag{3.3.4}$$

则,对集合 X_I 中的任何点 x_1^* 如果满足条件 $f(x_1^*) \geqslant f(x^*) + \varepsilon$,那
么函数 $P_{A, x_1^*, x_0}(x)$ 在集合 S_2 中至少有一个局部极小点,此处点 x^*
是函数的全局极小点.

证明 因为在集合 $t \in (0, +\infty)$ 上,函数 $\exp(t)/(\exp(t) - 1)$
是严格单调减少的,并且还有 $f(x_1^*) - f(x^*) \geqslant \varepsilon$,所以得到

$$\frac{\exp([f(x^*)-f(x_1^*)]^2)}{\exp([f(x^*)-f(x_1^*)]^2)-1} \leqslant \frac{\exp(\varepsilon^2)}{\exp(\varepsilon^2)-1},$$

也就是说

$$\frac{\varphi^{-1}(C)\cdot\exp([f(x^*)-f(x_1^*)]^2)}{\exp([f(x^*)-f(x_1^*)]^2)-1} \leqslant \frac{\varphi^{-1}(C)\cdot\exp(\varepsilon^2)}{\exp(\varepsilon^2)-1}.$$

(3.3.5)

通过式子(3.3.3)~(3.3.5)以及定理3.3.2可以知道,该定理的结论是成立的.

关于事前给出的点 $x_0 \in S_1$,有下面的性质:

定理 3.3.4 如果点 x_0 是函数 $f(x)$ 的一个局部极小点或者点 x_0 满足关系:对任意的坐标向量 $d \in D$,有 $f(x_0+d) \geqslant f(x_1^*)$ 成立,则点 x_0 是填充函数 $P_{A,x_1^*,x_0}(x)$ 的一个局部极小点.

证明 如果点 x_0 是函数 $f(x)$ 的一个局部极小点,则对于任何的坐标向 量 $d \in D$,有下式成立

$$f(x_0+d) \geqslant f(x_0) \geqslant f(x_1^*).$$ (3.3.6)

因此,不论点 x_0 是函数 $f(x)$ 的一个局部极小点或者点 x_0 满足对任意的坐标向量 $d \in D$,有 $f(x_0+d) \geqslant f(x_1^*)$ 成立,都可以得到,对所有的坐标向量 $d \in D$,有

$$f(x_0+d) \geqslant f(x_1^*).$$ (3.3.7)

成立.因此有

$$P_{A,x_1^*,x_0}(x_0+d) = \eta(\|d\|) - \varphi(A \cdot (1-$$
$$\exp(-[\min\{f(x_0+d)-f(x_1^*),0\}]^2)))$$
$$= \eta(\|d\|) \geqslant \eta(\|x_0-x_0\|)$$
$$= \eta(\|x_0-x_0\|) - \varphi(A \cdot (1-$$

$$\exp(-[\min\{f(x_0)-f(x_1^*),\,0\}]^2)))$$

$$=P_{A,\,x_1^*,\,x_0}(x_0).$$

所以该定理结论成立. □

定理 3.3.5 如果函数 $f(x)$ 的局部极小点 x_1^* 已经是它的一个全局极小点,则事先给定的点 $x_0\in S_1$ 就是填充函数 $P_{A,\,x_1^*,\,x_0}(x)$ 的唯一一个局部极小点.

证明 因为 x_1^* 已经是函数 $f(x)$ 的一个全局极小点,所以整数集合 S_2 是空集,也就是 $S_2=\{x\in X_I\colon f(x)<f(x_1^*)\}=\varnothing$. 对任何的点 $x\in N(x_0)\bigcap X_I$,有 $f(x)\geqslant f(x_1^*)$. 因此

$$P_{A,\,x_1^*,\,x_0}(x)=\eta(\parallel x-x_0\parallel)-\varphi(A\cdot(1-$$

$$\exp(-[\min\{f(x)-f(x_1^*),\,0\}]^2)))$$

$$=\eta(\parallel x-x_0\parallel)\geqslant\eta(\parallel x_0-x_0\parallel)$$

$$=\eta(\parallel x_0-x_0\parallel)-\varphi(A\cdot(1-$$

$$\exp(-[\min\{f(x_0)-f(x_1^*),\,0\}]^2)))$$

$$=P_{A,\,x_1^*,\,x_0}^1(x_0).$$

这就说明,事先给定的点 $x_0\in S_1$ 是填充函数 $P_{A,\,x_1^*,\,x_0}(x)$ 的一个局部极小点.

另一方面,根据所给出的填充函数的定义知道,该函数 $P_{A,\,x_1^*,\,x_0}(x)$ 在集合 $S_1\backslash\{x_0\}$ 上没有局部极小点. 又因为 $X_I=S_1\bigcup S_2=S_1$,所以,填充函数在集合 $X_I\backslash\{x_0\}$ 上没有局部极小点. 这就证明了,事先给定的点是该填充函数的唯一的一个局部极小点. □

为了讨论问题的方便,构造如下的相对于原问题 (P_I) 的非线性整数规划的辅助性问题:

$$(AP_I)\quad\begin{cases}\min P_{A,\,x_1^*,\,x_0}(x),\\ s.t.\ x\in X_I.\end{cases}\qquad(3.3.8)$$

通过上面对定理 3.3.1 到定理 3.3.3 的三个定理的讨论,可以看出,如果所给出的参数 A 满足一定的条件,如:对给定的终止参数 ε,当参数 A 满足

$$A > \frac{\varphi^{-1}(C) \cdot \exp(\varepsilon^2)}{\exp(\varepsilon^2) - 1},$$

并且函数 $f(x)$ 的局部极小点 x_1^* 满足条件 $f(x_1^*) \geqslant f(x^*) + \varepsilon$ 的时候,函数 $P_{A, x_1^*, x_0}(x)$ 的确是 $f(x)$ 的在局部极小点 x_1^* 处满足所给定义 4.2.5 的一个填充函数.

这样的话,如果从集合 X_I 中任意选取一个初始点,对辅助性问题 (AP_I) 用局部极小化方法求解时,很明显,所产生的点列要么是收敛到提前给出的点 x_0,要么是收敛到另一个点 $x' \in X_I$,该点满足条件 $f(x') < f(x_1^*)$. 假如找到一个这样的点 x',并以这个点作为初始点,在集合 X_I 上对问题 (P_I) 进行求解,就可以找到函数 $f(x)$ 的一个满足条件 $f(x_2^*) \leqslant f(x') < f(x_1^*)$ 的新的局部极小点 $x_2^* \in X_I$. 用这个局部极小点 x_2^* 代替原来的局部极小点 x_1^*,可以构造函数 $f(x)$ 在新的局部极小点 x_2^* 的一个新的填充函数,并且用上面同样的方法可以找到函数 $f(x)$ 的一个更小的局部极小点. 重复上面的过程,最终就可以找到函数 $f(x)$ 的近似全局极小点 x^*.

3.4 填充函数算法和数值计算结果

根据上面的理论性质的讨论,可以给出一个新的填充函数算法如下:
填充函数算法
步 1. 选取:
(a) 选取函数 $\eta(t)$ 和 $\varphi(t)$ 满足本篇文章第三部分中提出的条件;
(b) 选取 $N_L > 0$ 作为极小化问题 (P_I) 的过程结束的终止参数;
(c) 选取常数 $\varepsilon > 0$.
步 2. 输入:

(a) 在集合 X_I 中任意输入一个点 x_0 作为初始整点；

（b）输入常数 $A > 0$ 满足前面提到的条件 (4.3.3)或者满足

$$A > \frac{\varphi^{-1}(C) \cdot \exp(\varepsilon^2)}{\exp(\varepsilon^2) - 1}.$$

步 3. 从 x_0 出发,利用前面提到的局部搜索算法 1[126],我们可以得到问题(P_I)在集合 X_I 上的一个离散局部极小点 x_1^*.

步 4. 构造填充函数 $P_{A, x_1^*, x_0}(x)$ 如下：

$$P_{A, x_1^*, x_0}(x) = \eta(\parallel x - x_0 \parallel) - \varphi(A \cdot (1 - $$
$$\exp(-[\min\{f(x) - f(x_1^*), 0\}]^2))),$$

这里的参数 A 满足式子(3.3.3)或者是(3.3.4).

步 5. 令 $N = 0$.

步 6. 如果 $N \geqslant N_L$,则转到步 11.

步 7. 令 $N = N+1$. 在集合 X_I 上任取一个点,以这个点作为初始点,用局部极小化方法在集合 X_I 上求解函数 $P_{A, x_1^*, x_0}(x)$ 的局部极小点. 假设点 x' 是我们得到的函数 $P_{A, x_1^*, x_0}(x)$ 的一个局部极小点.

步 8. 如果 $x' = x_0$,转到步 6；否则,转到步 9.

步 9. 以点 x' 作为初始点,在集合 X_I 上极小化函数 $f(x)$,并且得到函数 $f(x)$ 的一个局部极小点 x_2^*.

步 10. 令 $x_1^* = x_2^*$,转到步 4.

步 11. 算法停止,点 x_1^* 和该点的函数值 $f(x_1^*)$ 分别作为问题 (P_I)的近似全局极小点和近似全局极小值.

数值计算结果

在这一部分里面,给出两个例子,通过数值计算来说明该填充函数方法的有效性和可行性.

算例 1 求解下面的极小化问题

$$\min f(x) = (x_1 - 1)^2 + (x_n - 1)^2 + n \sum_{i=1}^{n-1} (n-i)(x_i^2 - x_{i+1})^2,$$

这里的 $|x_i| \leqslant 5$，且 x_i 是整数点，$i = 1, 2, \cdots, n$.

这是一个箱子约束的/无约束的非线性整数规划问题. 它有 11^n 个可行点和许多个局部的极小点，例如，当 $n = 2$、3、4、5 和 6 时，该问题的局部极小点的个数分别是 4、6、7、10 和 12. 但是，对所有的 n，该问题只有一个全局极小点：$x_{global}^* = (1, 1, \cdots, 1)$，且全局极小点的函数值为 $f(x_{global}^*) = 0$.

算例 2 求解下面的最优化问题

$$\min f(x) = \sum_{i=1}^{n-1} \left[100(x_{i+1} - x_i^2)^2 + (1 - x_i)^2 \right],$$

$$s.t. \ |x_i| \leqslant 5, x_i \ 整数, i = 1, 2, \cdots, n.$$

这同样是一个箱子约束的/无约束的非线性整数规划问题. 这个问题有 11^n 可行点和许多的局部极小点，例如当 $n = 2, 3, 4, 5$ 和 6 的时候，这个问题分别有 $5, 6, 7, 9$ 和 11 个局部极小点，但是，对所有的维数 n，这个问题也是只有一个全局极小点：$x_{global}^* = (1, 1, \cdots, 1)$，该点的函数值为 $f(x_{global}^*) = 0$.

下面用所给出的算法对上面的两个算例进行计算，对算例 1，把变量 $n = 2$、3 和 5 三种情况的计算结果通过表格的形式列出来. 这三种情况分别对应着 1.21×10^2、1.331×10^3 和 1.611×10^5 个可行点. 而对算例 2 考虑变量 $n = 4, 5$ 和 6 三种情况，计算的结果也是通过表格的形式列出来.

在下面的计算中，所用到的程序设计语言是 MATLAB 6.5.1，工作空间是带有 $900\,MH_z$ CPU 的 WINDOWS XP 系统. 在步 2 中搜索函数 $f(x)$ 的局部极小点和在步 5 中搜索填充函数 $P_{A, x_1^*, x_0}(x)$ 的局部极小点都是采用 MATLAB 6.5.1 系统.

选择函数 $\eta(t) = t$ 和 $\varphi(t) = t$，这样得到的填充函数的具体形式（成为第一个函数形式）是：

$$P_{A, x_1^*, x_0}(x) = \| x - x_0 \| - A \cdot (1 -$$

$$\exp(-[\min\{f(x)-f(x_1^*),\ 0\}]^2)),$$

这里取参数 $A = C \cdot \exp(\varepsilon^2)/(\exp(\varepsilon^2)-1)$，常数 $C = 10\sqrt{n}+1$，$\varepsilon = 0.05$，极小化过程的终止参数 $N_L = 10^n + 1$，这里 n 是函数 $f(x)$ 的变量的个数．

表格记号说明如下：表 $(i\text{-}j\text{-}k)$ 中的符号分别表示为：i 表示我们给出的填充函数形式；j 表示算例；k 表示目标函数的维数．表 $(i\text{-}j\text{-}k)$ 具体表示为第 i 个形式的填充函数对算例 j 的维数为 k 的计算结果．

n：变量的个数；

T_S：初始点 x_0 选取的次数；

k：对问题 (P_I) 的极小化过程的次数；

x_{ini}^k：对问题 (P_I) 的第 k 次极小化过程的初始点；

x_{f-lo}^k：问题 (P_I) 的第 k 次极小化过程中得到的局部极小点；

$f(x_{f-lo}^k)$：x_{f-lo}^k 的函数值；

x_{p-lo}^k：问题 (AP_I) 的第 k 次极小化过程中得到的局部极小点；

$f(x_{p-lo}^k)$：x_{p-lo}^k 的函数值；

FIN：问题 (AP_I) 的第 k 次极小化过程的迭代数．

表 $(1\text{-}1\text{-}2)$ 　算例 1 的变量 $n=2$ 的计算结果

$n=2$，$\varepsilon = 0.05$，$A = C \cdot \exp(\varepsilon^2)/(\exp(\varepsilon^2)-1) \doteq 6\,065$，$N_L = 10^2 + 1$

T_S	k	x_{ini}^k	x_{f-lo}^k	$f(x_{f-lo}^k)$	x_{p-lo}^k	$f(x_{p-lo}^k)$	FIN
1	1	$(-5,-3)$	$(0,0)$	2	$(1,1)$	0	0
	2	$(1,1)$	$(1,1)$	0			$\geqslant 10^2+1$
2	1	$(5,5)$	$(2,3)$	7	$(1,1)$	0	2
	2	$(1,1)$	$(1,1)$	0			$\geqslant 10^2+1$

续　表

T_S	k	x_{ini}^k	x_{f-lo}^k	$f(x_{f-lo}^k)$	x_{p-lo}^k	$f(x_{p-lo}^k)$	FIN
3	1	$(-4,3)$	$(-2,3)$	15	$(1,1)$	0	1
	2	$(1,1)$	$(1,1)$	0			$\geqslant 10^2+1$
4	1	$(2,3)$	$(2,3)$	7	$(1,1)$	0	1
	2	$(1,1)$	$(1,1)$	0			$\geqslant 10^2+1$

表(1-1-3)　算例 1 的变量 $n=3$ 的计算结果

$n=3$, $\varepsilon=0.05$, $A=C\cdot\exp(\varepsilon^2)/(\exp(\varepsilon^2)-1)\doteq 7\,337$, $N_L=10^3+1$

T_S	k	x_{ini}^k	x_{f-lo}^k	$f(x_{f-lo}^k)$	x_{p-lo}^k	$f(x_{p-lo}^k)$	FIN
1	1	$(-4,0,4)$	$(-1,2,3)$	17	$(-1,1,1)$	4	2
	2	$(-1,1,1)$	$(0,0,0)$	2	$(1,1,1)$	0	0
	3	$(1,1,1)$	$(1,1,1)$	0			$\geqslant 10^3+1$
2	1	$(3,3,3)$	$(1,2,3)$	13	$(1,1,1)$	0	0
	2	$(1,1,1)$	$(1,1,1)$	0			$\geqslant 10^3+1$
3	1	$(0,4,4)$	$(1,2,3)$	13	$(1,1,1)$	0	1
	2	$(1,1,1)$	$(1,1,1)$	0			$\geqslant 10^3+1$
4	1	$(-2,0,3)$	$(-1,1,1)$	4	$(0,0,0)$	2	7
	2	$(0,0,0)$	$(0,0,0)$	2	$(1,1,1)$	0	8
	3	$(1,1,1)$	$(1,1,1)$	0			$\geqslant 10^3+1$

表(1-1-5)　算例 1 的变量 $n=5$ 的计算结果

$n=5$, $\varepsilon=0.05$, $A=C\cdot\exp(\varepsilon^2)/(\exp(\varepsilon^2)-1)\doteq 9\,356$, $N_L=10^5+1$

T_S	k	x_{ini}^k	x_{f-lo}^k	$f(x_{f-lo}^k)$	x_{p-lo}^k	$f(x_{p-lo}^k)$	FIN
1	1	(0, 0, 2, 0, 2)	(0, 0, 0, 0, 0)	2	(1, 1, 1, 1, 1)	0	0
	2	(1, 1, 1, 1, 1)	(1, 1, 1, 1, 1)	0			$\geqslant 10^5+1$
2	1	(−2, 2, 0, 1, 1)	(−1, 1, 1, 1, 1)	4	(0, 0, 0, 0, 0)	2	1
	2	(0, 0, 0, 0, 0))	(0, 0, 0, 0, 0)	2	(1, 1, 1, 1, 1)	0	3
	3	(1, 1, 1, 1, 1)	(1, 1, 1, 1, 1)	0			$\geqslant 10^5+1$
3	1	(0, 3, 0, 3, 3)	(1, 1, 1, 2, 3)	19	(1, 1, 1, 1, 1)	0	8
	2	(1, 1, 1, 1, 1)	(1, 1, 1, 1, 1)	0	(1, 1, 1, 1, 1)	0	11
	3	(1, 1, 1, 1, 1)	(1, 1, 1, 1, 1)	0			$\geqslant 10^5+1$

表(1-2-4)　算例 2 的变量 $n=4$ 的计算结果

$n=4$, $\varepsilon=0.05$, $A=8.001\,0\mathrm{e}+003$, $N_L=10^4+1$

T_S	k	x_{ini}^k	x_{f-lo}^k	$f(x_{f-lo}^k)$	x_{p-lo}^k	$f(x_{p-lo}^k)$	FIN
1	1	(−5,−5, −5,−5)	(0, 0, 0, 0)	3	(1, 1, 1, 1)	0	3
	2	(1, 1, 1, 1)	(1, 1, 1, 1)	0			$\geqslant 10^4+1$

T_S	k	x_{ini}^k	x_{f-lo}^k	$f(x_{f-lo}^k)$	x_{p-lo}^k	$f(x_{p-lo}^k)$	FIN
2	1	(3, 1, 2, 5)	(1, 1, 2, 4)	101	(1, 1, 1, 1)	0	28
	2	(1, 1, 1, 1)	(1, 1, 1, 1)	0			$\geqslant 10^4+1$
3	1	(−2, −1, 5, 4)	(0, −1, 2, 4)	206	(1, 1, 2, 4)	101	4
	2	(1, 1, 2, 4)	(1, 1, 1, 1)	0	(1, 1, 1, 1)	0	7
	3	(1, 1, 1, 1)	(1, 1, 1, 1)	0			$\geqslant 10^4+1$
4	1	(1, 2, −5, 3)	(0, 0, −2, 4)	411	(1, 1, 2, 4)	101	2
	2	(1, 1, 2, 4)	(1, 1, 1, 1)	0	(1, 1, 1, 1)	0	16
	3	(1, 1, 1, 1)	(1, 1, 1, 1)	0			$\geqslant 10^4+1$

表(1-2-5) 算例2的变量 $n=5$ 的计算结果

$n=5$, $\varepsilon=0.05$, $A=9.3443\mathrm{e}+003$, $N_L=10^5+1$

T_S	k	x_{ini}^k	x_{f-lo}^k	$f(x_{f-lo}^k)$	x_{p-lo}^k	$f(x_{p-lo}^k)$	FIN
1	1	(−4, −2, −3, −1, 5)	(0, 0, 0, −2, 4)	412	(1, 1, 1, 1, 1)	0	5
	2	(1, 1, 1, 1, 1)	(1, 1, 1, 1, 1)	0			$\geqslant 10^5+1$

续　表

T_S	k	x_{ini}^k	x_{f-lo}^k	$f(x_{f-lo}^k)$	x_{p-lo}^k	$f(x_{p-lo}^k)$	FIN
2	1	$(-2, -3, -1, -4, 5)$	$(0, 0, 0, -2, 4)$	412	$(0, 0, 0, 0, 0)$	4	11
	2	$(0, 0, 0, 0, 0)$	$(1, 1, 1, 1, 1)$	0	$(1, 1, 1, 1, 1)$	0	36
	3	$(1, 1, 1, 1, 1)$	$(1, 1, 1, 1, 1)$	0			$\geqslant 10^5 + 1$
3	1	$(0, 0, -2, 0, 0)$	$(0, 0, 0, 0, 0)$	4	$(1, 1, 1, 1, 1)$	0	46
	2	$(1, 1, 1, 1, 1)$	$(1, 1, 1, 1, 1)$	0			$\geqslant 10^5 + 1$
4	1	$(-4, -2, -3, -1, 5)$	$(0, 0, 0, -2, 4)$	412	$(1, 1, 1, 2, 4)$	101	0
	2	$(1, 1, 1, 2, 4)$	$(1, 1, 1, 1, 1)$	0	$(1, 1, 1, 1, 1)$	0	12
	3	$(1, 1, 1, 1, 1)$	$(1, 1, 1, 1, 1)$	0			$\geqslant 10^5 + 1$
5	1	$(-5, -1, -2, -4, -3)$	$(0, 0, 0, 0, 0)$	4	$(1, 1, 1, 1, 1)$	0	40
	2	$(1, 1, 1, 1, 1)$	$(1, 1, 1, 1, 1)$	0			$\geqslant 10^5 + 1$

表(1－2－6)　算例 2 的变量 $n=6$ 的计算结果

$n = 6$, $\varepsilon = 0.05$, $A = 1.019\,8e + 004$, $N_L = 10^6 + 1$

T_S	k	x_{ini}^k	x_{f-lo}^k	$f(x_{f-lo}^k)$	x_{p-lo}^k	$f(x_{p-lo}^k)$	FIN
1	1	$(2, 5, 4, 3, 1, 4)$	$(1, 1, 1, 1, 2, 4)$	413	$(1, 1, 1, 1, 1, 1)$	0	67

续　表

T_S	k	x_{ini}^k	x_{f-lo}^k	$f(x_{f-lo}^k)$	x_{p-lo}^k	$f(x_{p-lo}^k)$	FIN
1	2	(1, 1, 1, 1, 1, 1)	(1, 1, 1, 1, 1, 1)	0			$\geqslant 10^6+1$
2	1	(−3, −5, −4, −1, −2, 5)	(0, 0, 0, 0, −2, 4)	413	(1, 1, 1, 1, 2, 4)	101	41
	2	(1, 1, 1, 1, 2, 4)	(0, 0, 0, 0, 0, 0)	5	(1, 1, 1, 1, 1, 1)	0	60
	3	(1, 1, 1, 1, 1, 1)	(1, 1, 1, 1, 1, 1)	0	(1, 1, 1, 1, 1, 1)	0	62
	4	(1, 1, 1, 1, 1, 1)	(1, 1, 1, 1, 1, 1)	0			$\geqslant 10^6+1$
3	1	(0, 0, 0, 0, 0, 0)	(0, 0, 0, 0, 0, 0)	5	(1, 1, 1, 1, 1, 1)	0	3
	2	(1, 1, 1, 1, 1, 1)	(1, 1, 1, 1, 1, 1)	0			$\geqslant 10^6+1$
4	1	(−3, −1, −2, −5, −4, 5)	(0, 0, 0, 0, −2, 4)	413	(1, 1, 1, 1, 1, 1)	0	60
	2	(1, 1, 1, 1, 1, 1)	(1, 1, 1, 1, 1, 1)	0			$\geqslant 10^6+1$

　　通过表(1-1-2),可以看出,当变量 $n = 2$ 时,这个问题有很多个局部极小点. 我们选取一个初始点,例如 $x_{ini}^1 = (5, 5)$,通过前面提到的算法 1,可以得到这个问题的第一个局部极小点 $x_{f-lo}^1 = (2, 3)$,它的函数值是 $f(x_{f-lo}^1) = 7$. 然后构造一个在该局部极小点处的填充函数 $P_{A, x_{f-lo}^1, x_{ini}^1}(x)$. 在集合 X_I 上任意选取一个点作为初始点,用局部极小化方法求解该填充函数的局部极小点,经过两次失败的搜索,得到该填充函数的一个局部极小点 $x_{p-lo}^1 = (1, 1)$,该点的目标函数

值 $f(x^1_{p-lo})$ 小于目标函数在原来的局部极小点 $x^1_{f-lo}=(2,3)$ 处的函数值 $f(x^1_{f-lo})$，即点 $x^1_{p-lo}=(1,1)$ 属于集合 $S^1_2=\{x\in X_I:$ $f(x)<f(x^1_{f-lo})\}$. 以该填充函数的局部极小点 $x^1_{p-lo}=(1,1)$ 作为新的初始点，再用局部极小化方法，可以求出这个问题的另一个局部极小点 $x^2_{f-lo}=(1,1)$，它的函数值为 $f(x^2_{f-lo})=0$. 再次构造一个在该局部极小点 $x^2_{f-lo}=(1,1)$ 处的另一个填充函数 $P_{A,\,x^2_{f-lo},\,x^2_{ini}}(x)$. 在集合 X_I 上任意选取一个初始点，用局部极小化方法求解该填充函数，经过 10^2+1 次的局部搜索过程，找不到该填充函数的局部极小点，所以算法停止. 得到这个问题的近似全局极小点和全局极小值分别为 $x^*_{global}=(1,1)$ 和 $f(x^*_{global})=0$.

如果选取其他的点作为初始点，例如：$x^1_{ini}=(-4,3)$，仍然可以得到问题的全局极小点和全局极小值，等等.

3.5　结论

关于非线性整数规划问题 (P_I)，本章给出了一个新的填充函数定义，该定义不同于已有文献中的定义. 它不要求事前给出的点是填充函数的局部极小点，并且在文献[125]基础上，提出了一个满足该定义的一个填充函数. 讨论了该函数的理论性质. 通过对测试函数的数值计算可以看出所给出的函数以及所提出的填充函数算法是有效的.

第四章 非线性整数规划中单
参数填充函数的推广

第三章给出了关于非线性整数规划问题的填充函数的一个新的定义,并且构造了一个满足该定义的一个只含一个参数的填充函数.但是在计算的时候发现,当维数比较高的时候,计算的速度不是很理想.所以我们试图去寻找满足该定义的更好的填充函数.

本章部分内容取材于文献[93].

4.1 非线性整数规划中单参数填充函数的一般形式

箱子约束的连续全局最优化问题:

$$(BCP) \quad \begin{cases} \min f(x), \\ s.t. x \in X, \end{cases} \quad (4.1.1)$$

这里 $f(x)$ 是定义在集合 X 上的连续可微函数,并且集合 X 是 R^n 中的有界的和闭的箱子集合.

关于这个连续的全局最优化问题,文献[125]提出了函数 $f(x)$ 在局部极小点 x_1^* 的一类填充函数.该函数的具体形式如下:

$$U(x) = u(x) - w(A \cdot v(x)), \quad (4.1.2)$$

这里 $A > 0$ 是一个参数,并且函数 $u(x), v(x)$ 和 $w(x)$ 满足三个假设条件(参见文献[125]),这里令 $X \subset R^n$ 是一个箱子集合.

在文献[125]中所给出的三个假设下,还未证明文献[125]所给出来的函数形式 $U(x)$ 是满足我们所给出来的填充函数定义3.2.5的非线性整数规划问题的一个填充函数.

如果取一些特殊的情况,并且改变里面函数所满足的条件,就可以证明所取得的函数形式可以满足第三章所给出来的填充函数定义,是关于非线性整数规划问题的一个填充函数. 例如:取 $u(x) = \eta(\|x - x_0\|)$ 和 $v(x) = \varphi([\min\{f(x) - f(x_1^*), 0\}]^2)$,则可以得到下面的一个具体的形式:

$$P^1_{A, x_1^*, x_0}(x) = \eta(\|x - x_0\|) - B \cdot \psi(A \cdot$$
$$\varphi([\min\{f(x) - f(x_1^*), 0\}]^2)).$$

这里的 $B > 0$ 是一个事先给定的常数,具体来说,取 $B \geqslant \max_{x \in X_I} \eta(\|x - x_0\|)$,$A > 0$ 是一个参数,事先给定的点 $x_0 \in X_I$ 满足条件 $f(x_0) \geqslant f(x_1^*)$.

这里的函数还要具体的满足与文献[125]中不同的如下条件:

(1) $\eta(t)$、$\varphi(t)$ 和 $\psi(t)$ 在区间 $t \in [0, +\infty)$ 上是严格单调增加的函数;

(2) $\eta(0) = 0$,$\varphi(0) = 0$,$\psi(0) = 0$;

(3) 当 $t \to +\infty$ 的时候,有 $\psi(t) \to C > 1$.

4.2　一般形式的单参数填充函数的几个性质

上面给出来的函数形式,可以证明它是非线性整数规划问题 (3.2.1) 的、满足第三章所给出的定义 3.2.5 的填充函数. 在此仅列出有关的定理,由于证明方法类同于第三章,在此不再赘述.

定理 4.2.1　对任意的参数 $A > 0$,函数 $P^1_{A, x_1^*, x_0}(x)$ 在整数集合 $S_1 \setminus \{x_0\}$ 上没有局部极小点.

定理 4.2.2　假设 $S_2 = \{x \in X_I : f(x) < f(x_1^*)\} \subset X_I$ 是非空的集合,如果参数 $A > 0$ 满足条件

$$A > \frac{\psi^{-1}(1)}{\varphi([f(x^*) - f(x_1^*)]^2)}.$$

这里 x^* 是函数 $f(x)$ 的一个全局极小点,则函数 $P^1_{A, x^*_1, x_0}(x)$ 在集合 S_2 中有局部极小点.

定理 4.2.3 假设 ε 是一个小的正的常数,参数 $A > 0$ 满足如下条件

$$A > \psi^{-1}(1)/\varphi(\varepsilon^2)$$

则,对集合 X_I 中的任何点 x^*_1 如果满足条件 $f(x^*_1) \geqslant f(x^*) + \varepsilon$,那么函数 $P^1_{A, x^*_1, x_0}(x)$ 在集合 S_2 中至少有一个局部极小点,此处点 x^* 是函数的一个全局极小点.

4.3 单参数填充函数的几个形式的数值计算结果比较

这一部分内容,取几个不同形式的具体的填充函数,仍然采用第三章中给出的填充函数算法来对第三章中给出的算例 1 和算例 2 进行极小化计算,以比较它们对这两个不同的例子计算的结果. 可以通过数值计算的结果,来判断不同形式的填充函数在具体计算时候的实用性.

首先取填充函数形式为:

$$P_{A, x^*_1, x_0}(x) = \eta(\parallel x - x_0 \parallel) - A \cdot \varphi([\min\{f(x) - f(x^*_1), 0\}]^2).$$

这里选择函数 $\varphi(t) = t$,$\eta(t) = t$,此时的填充函数 $P_{A, x^*_1, x_0}(x)$ 具体形式为(成为第二个形式):

$$P_{A, x^*_1, x_0}(x) = \parallel x - x_0 \parallel - A \cdot [\min\{f(x) - f(x^*_1), 0\}]^2,$$

取参数 $A = C/\varepsilon^2$,$C = 10\sqrt{n} + 1$,并且令 $\varepsilon = 0.05$. 运算的中止参数为 $N_L = 10^n$,这里 n 是变量的个数.

再取填充函数形式为:

$$P_{A, x^*_1, x_0}(x) = \eta(\parallel x - x_0 \parallel) - \ln(1 + A \cdot$$
$$\varphi([\min\{f(x) - f(x^*_1), 0\}]^2)).$$

这里选择函数 $\varphi(t)=t$，$\eta(t)=t$，此时的填充函数 $P_{A,x_1^*,x_0}(x)$ 具体形式为（成为第三个形式）：

$$P_{A,x_1^*,x_0}(x)=\|x-x_0\|-\ln(1+A\cdot([\min\{f(x)-f(x_1^*),0\}]^2)),$$

取参数 $A>(\exp(C)-1)/\varepsilon^2$，$C>\max_{x\in\Omega}\|x-x_0\|=10\sqrt{n}+1$，并且令 $\varepsilon=0.05$. 运算的中止参数为 $N_L=10^n$，这里 n 是变量的个数.

上面两个形式的填充函数对算例 1 和算例 2 计算的结果，也用表格的形式给列出来. 表格仍然采用第三章中的记号.

表$(2-1-2)$　形式 2 对算例 1 的维数 $n=2$ 的计算结果

$n=2,\varepsilon=0.05,A=C/\varepsilon^2=6.0569e+003,N_L=10^2+1$

T_S	k	x_{ini}^k	x_{f-lo}^k	$f(x_{f-lo}^k)$	x_{p-lo}^k	$f(x_{p-lo}^k)$	FIN
1	1	$(-5,-3)$	$(0,0)$	2	$(1,1)$	0	0
	2	$(1,1)$	$(1,1)$	0			$\geqslant 10^2+1$
2	1	$(5,5)$	$(2,3)$	7	$(0,0)$	2	1
	2	$(0,0)$	$(1,1)$	0			$\geqslant 10^2+1$
3	1	$(-4,3)$	$(-2,3)$	15	$(2,3)$	7	1
	2	$(2,3)$	$(0,0)$	2	$(1,1)$	0	2
	3	$(1,1)$	$(1,1)$	0			$\geqslant 10^2+1$
4	1	$(2,3)$	$(2,3)$	7	$(1,1)$	0	0
	2	$(1,1)$	$(1,1)$	0			$\geqslant 10^2+1$
5	1	$(-1,-4)$	$(0,0)$	2	$(1,1)$	0	20
	2	$(1,1)$	$(1,1)$	0			$\geqslant 10^2+1$

表(2‑1‑3)　形式 2 对算例 1 的维数 _n_=3 的计算结果

$n = 3,\ \varepsilon = 0.05,\ A = C/\varepsilon^2 = 7.328\,2e+003,\ N_L = 10^3+1$

T_S	k	x_{ini}^k	x_{f-lo}^k	$f(x_{f-lo}^k)$	x_{p-lo}^k	$f(x_{p-lo}^k)$	FIN
1	1	(0, 4, 4)	(1, 2, 3)	13	(0, 0, 0)	2	1
	2	(0, 0, 0)	(0, 0, 0)	2	(1, 1, 1)	0	6
	3	(1, 1, 1)	(1, 1, 1)	0			$\geqslant 10^3+1$
2	1	(−1, 4, 2)	(−1, 1, 1)	4	(1, 1, 1)	0	1
	2	(1, 1, 1)	(1, 1, 1)	0			$\geqslant 10^3+1$
3	1	(−4, 0, 4)	(−1, 2, 3)	17	(0, 0, 2)	13	6
	2	(0, 0, 2)	(0, 0, 0)	2	(1, 1, 1)	0	16
	3	(1, 1, 1)	(1, 1, 1)	0			$\geqslant 10^3+1$
4	1	(3, 3, 3)	(1, 2, 3)	13	(0, 0, 0)	2	1
	2	(0, 0, 0)	(0, 0, 0)	2	(1, 1, 1)	0	1
	3	(1, 1, 1)	(1, 1, 1)	0			$\geqslant 10^3+1$

表(2‑1‑5)　形式 2 对算例 1 的维数 _n_=5 的计算结果

$n = 5,\ \varepsilon = 0.05,\ A = C/\varepsilon^2 = 9.344\,3e+003,\ N_L = 10^5+1$

T_S	k	x_{ini}^k	x_{f-lo}^k	$f(x_{f-lo}^k)$	x_{p-lo}^k	$f(x_{p-lo}^k)$	FIN
1	1	(3, 0, 0, 3, 0)	(0, 0, 0, 0, 0)	2	(1, 1, 1, 1, 1)	0	2
	2	(1, 1, 1, 1, 1)	(1, 1, 1, 1, 1)	0			$\geqslant 10^5+1$

续　表

T_S	k	x_{ini}^k	x_{f-lo}^k	$f(x_{f-lo}^k)$	x_{p-lo}^k	$f(x_{p-lo}^k)$	FIN
2	1	(−1, 3, −4, 3, 2)	(0, 0, 0, 0, 0)	2	(1, 1, 1, 1, 1)	0	84
	2	(1, 1, 1, 1, 1)	(1, 1, 1, 1, 1)	0			$\geqslant 10^5+1$
3	1	(2, −2, 1, 0, 0)	(0, 0, 0, 0, 0)	2	(1, 1, 1, 1, 1)	0	23
	2	(1, 1, 1, 1, 1)	(1, 1, 1, 1, 1)	0			$\geqslant 10^5+1$
4	1	(0, 3, 0, 3, 3)	(1, 1, 1, 2, 3)	19	(1, 1, 1, 1, 1)	0	1
	2	(1, 1, 1, 1, 1)	(1, 1, 1, 1, 1)	0			$\geqslant 10^5+1$
5	1	(−2, 2, 0, 1, 1)	(−1, 1, 1, 1, 1)	4	(0, 0, 0, 0, 0)	2	1
	2	(0, 0, 0, 0, 0)	(0, 0, 0, 0, 0)	2	(1, 1, 1, 1, 1)	0	50
	3	(1, 1, 1, 1, 1)	(1, 1, 1, 1, 1)	0			$\geqslant 10^5+1$

表(3-1-2)　形式 3 对算例 1 的维数 $n=2$ 的计算结果

$n=2$, $\varepsilon=0.05$, $A=1.5073\mathrm{e}+009$, $N_L=10^2+1$

T_S	k	x_{ini}^k	x_{f-lo}^k	$f(x_{f-lo}^k)$	x_{p-lo}^k	$f(x_{p-lo}^k)$	FIN
1	1	(−4, −4)	(0, 0)	2	(1, 1)	0	1
	2	(1, 1)	(1, 1)	0			$\geqslant 10^2+1$

T_S	k	x_{ini}^k	x_{f-lo}^k	$f(x_{f-lo}^k)$	x_{p-lo}^k	$f(x_{p-lo}^k)$	FIN
2	1	(4, 3)	(2, 3)	7	(1, 2)	3	2
	2	(1, 2)	(1, 1)	0			$\geqslant 10^2+1$
3	1	(−4, 3)	(−2, 3)	15	(2, 2)	10	0
	2	(2, 2)	(1, 2)	3	(1, 1)	0	3
	3	(1, 1)	(1, 1)	0			$\geqslant 10^2+1$
4	1	(−4, 4)	(−2, 3)	15	(1, −1)	12	1
	2	(1, −1)	(1, 1)	0			$\geqslant 10^2+1$

表(3-1-3)　形式 3 对算例 1 的维数 $n=3$ 的计算结果

$n = 3,\ \varepsilon = 0.05,\ A = 3.6187\mathrm{e}+010,\ N_L = 10^3+1$

T_S	k	x_{ini}^k	x_{f-lo}^k	$f(x_{f-lo}^k)$	x_{p-lo}^k	$f(x_{p-lo}^k)$	FIN
1	1	(−4, 3, 2)	(−1, 1, 1)	4	(0, 0, 0)	2	0
	2	(0, 0, 0)	(0, 0, 0)	2	(1, 1, 1)	0	13
	3	(1, 1, 1)	(1, 1, 1)	0			$\geqslant 10^3+1$
2	1	(1, 4, 3)	(1, 2, 3)	13	(1, 1, 0)	3	3
	2	(1, 1, 0)	(1, 1, 1)	0			$\geqslant 10^3+1$
3	1	(−4, 0, 4)	(−1, 2, 3)	17	(1, 1, −1)	12	2
	2	(1, 1, −1)	(1, 1, 1)	0			$\geqslant 10^3+1$
4	1	(−2, 0, 3)	(−1, 1, 1)	4	(0, 0, 0)	2	7

T_S	k	x_{ini}^k	x_{f-lo}^k	$f(x_{f-lo}^k)$	x_{p-lo}^k	$f(x_{p-lo}^k)$	FIN
4	2	(0, 0, 0)	(0, 0, 0)	2	(1, 1, 1)	0	8
	3	(1, 1, 1)	(1, 1, 1)	0			$\geqslant 10^3 + 1$

表(3-1-5)　形式 3 对算例 1 的维数 $n=5$ 的计算结果

$n = 5,\ \varepsilon = 0.05,\ A = 5.5908\mathrm{e}+012,\ N_L = 10^5 + 1$

T_S	k	x_{ini}^k	x_{f-lo}^k	$f(x_{f-lo}^k)$	x_{p-lo}^k	$f(x_{p-lo}^k)$	FIN
1	1	(−1, 3, −4, 3, 2)	(0, 0, 0, 0, 0)	2	(1, 1, 1, 1, 1)	0	11
	2	(1, 1, 1, 1, 1)	(1, 1, 1, 1, 1)	0			$\geqslant 10^5 + 1$
2	1	(−2, 2, 0, 1, 1)	(−1, 1, 1, 1, 1)	4	(0, 0, 0, 0, 0)	2	7
	2	(0, 0, 0, 0, 0))	(0, 0, 0, 0, 0)	2	(1, 1, 1, 1, 1)	0	18
	3	(1, 1, 1, 1, 1)	(1, 1, 1, 1, 1)	0			$\geqslant 10^5 + 1$
3	1	(−1, 3, 2, 2, −2)	(−1, 1, 1, 1, 1)	4	(0, 0, 0, 0, 0)	2	2
	2	(0, 0, 0, 0, 0)	(0, 0, 0, ·0, 0)	2	(1, 1, 1, 1, 1)	0	8
	3	(1, 1, 1, 1, 1)	(1, 1, 1, 1, 1)	0			$\geqslant 10^5 + 1$

表(2-2-4)   形式 2 对算例 2 的变量 $n=4$ 的计算结果

$n=4$, $\varepsilon=0.05$, $A=8.001\,0\mathrm{e}+003$, $N_L=10^4+1$

T_S	k	x^k_{ini}	x^k_{f-lo}	$f(x^k_{f-lo})$	x^k_{p-lo}	$f(x^k_{p-lo})$	FIN
1	1	$(-3,-2,$ $-1,5)$	$(0,0,$ $-2,4)$	411	$(1,1,$ $2,4)$	101	0
	2	$(1,1,$ $2,4)$	$(1,1,$ $1,1)$	0	$(1,1,$ $1,1)$	0	1
	3	$(1,1,$ $1,1)$	$(1,1,$ $1,1)$	0			$\geqslant 10^4+1$
2	1	$(-5,-5,$ $-5,-5)$	$(0,0,$ $0,0)$	3	$(1,1,$ $1,1)$	0	0
	2	$(1,1,$ $1,1)$	$(1,1,$ $1,1)$	0			$\geqslant 10^4+1$
3	1	$(3,1,$ $2,5)$	$(1,1,$ $2,4)$	101	$(1,1,$ $1,1)$	0	24
	2	$(1,1,$ $1,1)$	$(1,1,$ $1,1)$	0			$\geqslant 10^4+1$
4	1	$(-2,-1,$ $5,4)$	$(0,-1,$ $2,4)$	206	$(1,1,$ $2,4)$	101	0
	2	$(1,1,$ $2,4)$	$(1,1,$ $1,1)$	0	$(1,1,$ $1,1)$	0	2
	3	$(1,1,$ $1,1)$	$(1,1,$ $1,1)$	0			$\geqslant 10^4+1$

表(2-2-5)   形式 2 对算例 2 的变量 $n=5$ 的计算结果

$n=5$, $\varepsilon=0.05$, $A=9.344\,3\mathrm{e}+003$, $N_L=10^5+1$

T_S	k	x^k_{ini}	x^k_{f-lo}	$f(x^k_{f-lo})$	x^k_{p-lo}	$f(x^k_{p-lo})$	FIN
1	1	$(-2,-3,$ $-1,-4,5)$	$(0,0,0,$ $-2,4)$	412	$(0,0,0,$ $0,0)$	4	5

续　表

T_S	k	x_{ini}^k	x_{f-lo}^k	$f(x_{f-lo}^k)$	x_{p-lo}^k	$f(x_{p-lo}^k)$	FIN
1	2	(0, 0, 0, 0, 0)	(1, 1, 1, 1, 1)	0	(1, 1, 1, 1, 1)	0	41
	3	(1, 1, 1, 1, 1)	(1, 1, 1, 1, 1)	0			$\geq 10^5 + 1$
2	1	(−4, −2, −3, −1, 5)	(0, 0, 0, −2, 4)	412	(1, 1, 1, 1, 1)	0	0
	2	(1, 1, 1, 1, 1)	(1, 1, 1, 1, 1)	0			$\geq 10^5 + 1$
3	1	(0, 0, −2, 0, 0)	(0, 0, 0, 0, 0)	4	(1, 1, 1, 1, 1)	0	46
	2	(1, 1, 1, 1, 1)	(1, 1, 1, 1, 1)	0			$\geq 10^5 + 1$
4	1	(−4, −2, −3, −1, 5)	(0, 0, 0, −2, 4)	412	(1, 1, 1, 2, 4)	101	0
	2	(1, 1, 1, 2, 4)	(1, 1, 1, 1, 1)	0	(1, 1, 1, 1, 1)	0	12
	3	(1, 1, 1, 1, 1)	(1, 1, 1, 1, 1)	0			$\geq 10^5 + 1$

表(2-2-6)　形式 2 对算例 2 的变量 $n=6$ 的计算结果

$n = 6,\ \varepsilon = 0.05,\ A = 1.019\,8e+004,\ N_L = 10^6 + 1$

T_S	k	x_{ini}^k	x_{f-lo}^k	$f(x_{f-lo}^k)$	x_{p-lo}^k	$f(x_{p-lo}^k)$	FIN
1	1	(−3, −5, −4, −1, −2, 5)	(0, 0, 0, 0, −2, 4)	413	(1, 1, 1, 1, 2, 4)	101	1

T_S	k	x_{ini}^k	x_{f-lo}^k	$f(x_{f-lo}^k)$	x_{p-lo}^k	$f(x_{p-lo}^k)$	FIN
1	2	(1, 1, 1, 1, 2, 4)	(0, 0, 0, 0, 0, 0)	5	(1, 1, 1, 1, 1, 1)	0	60
	3	(1, 1, 1, 1, 1, 1)	(1, 1, 1, 1, 1, 1)	0	(1, 1, 1, 1, 1, 1)	0	62
	4	(1, 1, 1, 1, 1, 1)	(1, 1, 1, 1, 1, 1)	0			$\geqslant 10^6+1$
2	1	(−3, −1, −2, −5, −4, 5)	(0, 0, 0, 0, −2, 4)	413	(1, 1, 1, 1, 1, 1)	0	60
	2	(1, 1, 1, 1, 1, 1)	(1, 1, 1, 1, 1, 1)	0			$\geqslant 10^6+1$
3	1	(2, 5, 4, 3, 1, 4)	(1, 1, 1, 1, 2, 4)	413	(1, 1, 1, 1, 1, 1)	0	62
	2	(1, 1, 1, 1, 1, 1)	(1, 1, 1, 1, 1, 1)	0			$\geqslant 10^6+1$
4	1	(0, −5, 0, 0, 0, −5)	(0, 0, 0, 0, 0, 0)	5	(1, 1, 1, 1, 1, 1)	0	64
	2	(1, 1, 1, 1, 1, 1)	(1, 1, 1, 1, 1, 1)	0			$\geqslant 10^6+1$

表(3-2-4)　形式3对算例2的变量 $n=4$ 的计算结果

$n=4$, $\varepsilon=0.05$, $A=8.0010e+003$, $N_L=10^4+1$

T_S	k	x_{ini}^k	x_{f-lo}^k	$f(x_{f-lo}^k)$	x_{p-lo}^k	$f(x_{p-lo}^k)$	FIN
1	1	(2, 1, 3, 5)	(1, 1, 2, 4)	101	(0, 0, 0, 0)	3	24
	2	(0, 0, 0, 0)	(1, 1, 1, 1)	0	(1, 1, 1, 1)	0	24
	3	(1, 1, 1, 1)	(1, 1, 1, 1)	0			$\geqslant 10^4+1$

续 表

T_S	k	x_{ini}^k	x_{f-lo}^k	$f(x_{f-lo}^k)$	x_{p-lo}^k	$f(x_{p-lo}^k)$	FIN
2	1	$(-1, -3, -2, 5)$	$(0, 0, -2, 4)$	411	$(1, 1, 2, 4)$	101	0
	2	$(1, 1, 2, 4)$	$(1, 1, 1, 1)$	0	$(1, 1, 1, 1)$	0	4
	3	$(1, 1, 1, 1)$	$(1, 1, 1, 1)$	0			$\geqslant 10^4 + 1$
3	1	$(0, -3, 0, -3)$	$(0, 0, 0, 0)$	3	$(1, 1, 1, 1)$	0	3
	2	$(1, 1, 1, 1)$	$(1, 1, 1, 1)$	0			$\geqslant 10^4 + 1$
4	1	$(-1, -2, -3, 5)$	$(0, 0, -2, 4)$	411	$(0, 0, 0, 0)$	3	0
	2	$(0, 0, 0, 0)$	$(1, 1, 1, 1)$	0	$(1, 1, 1, 1)$	0	25
	3	$(1, 1, 1, 1)$	$(1, 1, 1, 1)$	0			$\geqslant 10^4 + 1$
5	1	$(1, 3, 2, 4)$	$(1, 1, 2, 4)$	101	$(1, 1, 1, 1)$	0	24
	2	$(1, 1, 1, 1)$	$(1, 1, 1, 1)$	0			$\geqslant 10^4 + 1$

表(3-2-5)　形式 3 对算例 2 的变量 $n=5$ 的计算结果

$n = 5$, $\varepsilon = 0.05$, $A = 5.5908\mathrm{e}+012$, $N_L = 10^5 + 1$

T_S	k	x_{ini}^k	x_{f-lo}^k	$f(x_{f-lo}^k)$	x_{p-lo}^k	$f(x_{p-lo}^k)$	FIN
1	1	$(-3, -1, -2, -4, 5)$	$(0, 0, 0, -2, 4)$	412	$(0, 0, 0, 0, 0)$	4	1

T_S	k	x_{ini}^k	x_{f-lo}^k	$f(x_{f-lo}^k)$	x_{p-lo}^k	$f(x_{p-lo}^k)$	FIN
1	2	(0, 0, 0, 0, 0)	(1, 1, 1, 1, 1)	0	(1, 1, 1, 1, 1)	0	42
	3	(1, 1, 1, 1, 1)	(1, 1, 1, 1, 1)	0			$\geqslant 10^5+1$
2	1	(−2, −4, −3, −1, 5)	(0, 0, 0, −2, 4)	412	(1, 1, 1, 1, 1)	0	0
	2	(1, 1, 1, 1, 1)	(1, 1, 1, 1, 1)	0			$\geqslant 10^5+1$
3	1	(1, 4, 2, 3, 5)	(1, 1, 1, 2, 4)	101	(1, 1, 1, 1, 1)	0	40
	2	(1, 1, 1, 1, 1)	(1, 1, 1, 1, 1)	0			$\geqslant 10^5+1$
4	1	(−3, −4, −1, −2, 5)	(0, 0, 0, −2, 4)	412	(1, 1, 1, 2, 4)	101	1
	2	(1, 1, 1, 2, 4)	(1, 1, 1, 1, 1)	0	(1, 1, 1, 1, 1)	0	8
	3	(1, 1, 1, 1, 1)	(1, 1, 1, 1, 1)	0			$\geqslant 10^5+1$
5	1	(−1, −3, −2, −4, −5)	(0, 0, 0, 0, 0)	4	(1, 1, 1, 1, 1)	0	46
	2	(1, 1, 1, 1, 1)	(1, 1, 1, 1, 1)	0			$\geqslant 10^5+1$
6	1	(−1, −2, −4, −3, 5)	(0, 0, 0, −2, 4)	412	(1, 1, 1, 2, 4)	101	2
	2	(1, 1, 1, 2, 4)	(0, 0, 0, 0, 0)	4	(1, 1, 1, 1, 1)	0	40

续 表

T_S	k	x_{ini}^k	x_{f-lo}^k	$f(x_{f-lo}^k)$	x_{p-lo}^k	$f(x_{p-lo}^k)$	FIN
6	3	(1, 1, 1, 1, 1)	(1, 1, 1, 1, 1)	0	(1, 1, 1, 1, 1)	0	43
	4	(1, 1, 1, 1, 1)	(1, 1, 1, 1, 1)	0			$\geqslant 10^5 + 1$
7	1	(−2, −3, −4, −1, 5)	(0, 0, 0, −2, 4)	412	(0, 0, −1, −2, 4)	207	0
	2	(0, 0, −1, 2, 4)	(1, 1, 1, 2, 4)	101	(0, 0, 0, 0, 0)	4	1
	3	(0, 0, 0, 0, 0)	(1, 1, 1, 1, 1)	0	(1, 1, 1, 1, 1)	0	40
	4	(1, 1, 1, 1, 1)	(1, 1, 1, 1, 1)	0	(1, 1, 1, 1, 1)	0	41
	5	(1, 1, 1, 1, 1)	(1, 1, 1, 1, 1)	0			$\geqslant 10^5 + 1$

表(3-2-6) 形式 3 对算例 2 的变量 $n=6$ 的计算结果

$n = 6$, $\varepsilon = 0.05$, $A = 4.7245e+013$, $N_L = 10^6 + 1$

T_S	k	x_{ini}^k	x_{f-lo}^k	$f(x_{f-lo}^k)$	x_{p-lo}^k	$f(x_{p-lo}^k)$	FIN
1	1	(−4, −5, −3, −1, −2, 5)	(0, 0, 0, 0, −2, 4)	413	(1, 1, 1, 1, 2, 4)	101	2
	2	(1, 1, 1, 1, 2, 4)	(1, 1, 1, 1, 1, 1)	0	(1, 1, 1, 1, 1, 1)	0	60
	3	(1, 1, 1, 1, 1, 1)	(1, 1, 1, 1, 1, 1)	0			$\geqslant 10^6 + 1$

续 表

T_S	k	x_{ini}^k	x_{f-lo}^k	$f(x_{f-lo}^k)$	x_{p-lo}^k	$f(x_{p-lo}^k)$	FIN
2	1	(2, 3, 1, 4, 5, 5)	(1, 1, 1, 1, 2, 4)	101	(1, 1, 1, 1, 1, 1)	0	64
	2	(1, 1, 1, 1, 1, 1)	(1, 1, 1, 1, 1, 1)	0			$\geqslant 10^6+1$
3	1	(3, 0, 0, 0, 3, 0)	(0, 0, 0, 0, 0, 0)	5	(1, 1, 1, 1, 1, 1)	0	5
	2	(1, 1, 1, 1, 1, 1)	(1, 1, 1, 1, 1, 1)	0			$\geqslant 10^6+1$
4	1	(0, −3, −3, 0, −3, −3)	(0, 0, 0, 0, 0, 0)	5	(1, 1, 1, 1, 1, 1)	0	8
	2	(1, 1, 1, 1, 1, 1)	(1, 1, 1, 1, 1, 1)	0			$\geqslant 10^6+1$
5	1	(−3, −1, −4, −5, −2, 5)	(0, 0, 0, 0, −2, 4)	413	(0, 0, 0, −1, 2, 4)	208	1
	2	(0, 0, 0, −1, 2, 4)	(1, 1, 1, 1, 1, 1)	0	(1, 1, 1, 1, 1, 1)	0	8
	3	(1, 1, 1, 1, 1, 1)	(1, 1, 1, 1, 1, 1)	0			$\geqslant 10^6+1$
6	1	(−2, −3, −1, −4, −5, 5)	(0, 0, 0, 0, −2, 4)	413	(0, 0, 0, 0, 0, 0)	5	5

续 表

T_S	k	x_{ini}^k	x_{f-lo}^k	$f(x_{f-lo}^k)$	x_{p-lo}^k	$f(x_{p-lo}^k)$	FIN
6	2	(0, 0, 0, 0, 0, 0)	(1, 1, 1, 1, 1, 1)	0	(1, 1, 1, 1, 1, 1)	0	62
	3	(1, 1, 1, 1, 1, 1)	(1, 1, 1, 1, 1, 1)	0			$\geqslant 10^6 + 1$

表(3-2-7)　形式3对算例2的变量 $n=7$ 的计算结果

$n = 7$, $\varepsilon = 0.05$, $A = 3.3628\mathrm{e}+014$, $N_L = 10^7 + 1$

T_S	k	x_{ini}^k	x_{f-lo}^k	$f(x_{f-lo}^k)$	x_{p-lo}^k	$f(x_{p-lo}^k)$	FIN
1	1	(−5, −4, −1, −3, −2, 2, 5)	(0, 0, 0, 0, −1, 2, 4)	209	(−1, 1, 1, 1, 1, 2, 4)	105	11
	2	(−1, 1, 1, 1, 1, 2, 4)	(−1, 1, 1, 1, 1, 1, 1)	4	(1, 1, 1, 1, 1, 1, 1)	0	84
	3	(1, 1, 1, 1, 1, 1, 1)	(1, 1, 1, 1, 1, 1, 1)	0	(1, 1, 1, 1, 1, 1, 1)	0	109
	4	(1, 1, 1, 1, 1, 1, 1)	(1, 1, 1, 1, 1, 1, 1)	0			$\geqslant 10^7 + 1$
2	1	(−4, −3, −2, −1, −5, 2, 5)	(0, 0, 0, 0, −1, 2, 4)	209	(0, 0, 0, 0, 0, 0, 0)	6	84
	2	(0, 0, 0, 0, 0, 0, 0)	(1, 1, 1, 1, 1, 1, 1)	0	(1, 1, 1, 1, 1, 1, 1)	0	106
	3	(1, 1, 1, 1, 1, 1, 1)	(1, 1, 1, 1, 1, 1, 1)	0			$\geqslant 10^7 + 1$

4.4 结论

这一章主要是在文献[125]的基础上,把第三章中给出的非线性整数规划问题的单参数形式的填充函数进行了推广,给出了一个一般的填充函数形式.几个不同形式的填充函数对第三章中给出来的两个算例进行了极小化计算比较.通过取不同的维数以及随机选取的极小化问题的初始点,得到了一些结算结果.数值结果显示出,不同的填充函数形式在实际计算的时候,效果还是有区别的.对维数比较低的时候,计算的效果看不出差别,但对于维数比较高的时候,存在着明显的不同.这就为以后的实际应用上奠定了理论基础.

关于事先给定的点,在第三章中对它的有关性质的进行了讨论.没有这个点,不可以保证理论结果,但是这个点也给实际计算的时候带来了麻烦,具体就是在对填充函数极小化的时候,经常会收敛到这个点,这就有可能使填充函数的辅助性失去作用,会出现失败的情况,从而找不到原问题的更好的局部极小点.在数值计算的表格中的最后一项就列出了具体在极小化填充函数时失败的次数.这也是本章内容中存在的不足之处.去掉这个点,找到更好的、更实用的填充函数,是继续要做的工作之一.

第五章 非线性整数规划的
双参数填充函数

在前面的第三章和第四章,讨论了非线性整数规划问题的一类填充函数的有关性质,并且进行了数值计算,但是在对所给出的填充函数进行极小化计算的时候,经常会出现失败的情况,也就是会收敛到事先给出的点 x_0,这不仅增加了计算量,而且有时候可能就找不到填充函数的离散局部极小点. 为了克服这个不足之处,本章给出不含事先给出点 x_0 的双参数填充函数.

这一部分的内容是在早期的连续优化问题的填充函数定义(见文献[31, 32, 33])的基础上,给出离散的非线性整数规划问题的填充函数一个类同定义,该定义不同于第三章和第四章中的填充函数定义,在这里不要求事先给出一个点 x_0. 在这个定义的基础上,给出一个双参数的填充函数. 讨论了该函数的有关的性质,并且进行了数值计算.

5.1 改进的填充函数定义

仍然还是考虑第三章中提到的非线性整数规划问题

$$(P_I) \begin{cases} \min f(x), \\ s.t. \ x \in X_I, \end{cases} \qquad (5.1.1)$$

这里 $X_I \subset I^n$ 是一个有界的且是闭的箱子集合,并且包含的可行域点数多于一个,I^n 是 R^n 中的整数点集合. 因为 X_I 是一个有界的且是闭的箱子集合,所以存在一个正的常数 K,使得

$$1 \leqslant K = \max_{x^1, x^2 \in X_I} \| x^1 - x^2 \| < \infty, \ x_1 \neq x_2,$$

这里的 $\|\cdot\|$ 是欧几里得(Euclidean)范数.

重新定义 $f(x)$ 为：

$$f(x) = \begin{cases} f(x), & x \in X_I, \\ +\infty, & x \in I^n \backslash X_I. \end{cases}$$

于是问题(P_I)等价于

$$(P_I)_0 \begin{cases} \min f(x), \\ s.t. \ x \in I^n, \end{cases}$$

有关离散的非线性整数规划问题的邻域、局部极小点、局部极大点、全局极小点的定义,均参照第三章中的表述,在此不再赘述.和第二章一样,仍然假定 x^* 是已经得到的目标函数的一个已知的离散局部极小点,该点可以通过第三章中提到的算法 1[126] 得到.两个集合的记号和第三章的一样,表示如下：

$$S_1 = \{x \in X_I : f(x) \geqslant f(x^*)\} \subset X_I,$$

$$S_2 = \{x \in X_I : f(x) < f(x^*)\} \subset X_I.$$

关于非线性整数规划问题(5.1.1),仿照连续优化问题的文献[33]中具有强制性的填充函数的定义,文献[124]给出了函数 $f(x)$ 在它的离散局部极小点 x^* 的填充函数的一个变形定义.

文献[124]给出的关于非线性整数规划问题的填充函数定义如下：

定义 5.1.1[124]　函数 $U(x)$ 称为 $f(x)$ 的在离散局部极小点 x^* 的关于非线性整数规划问题(P_I)的一个填充函数,如果该函数$U(x)$具有如下的两个性质：

(1) 函数 $U(x)$ 在集合 $S_1 = \{x \mid f(x) \geqslant f(x^*), x \in \Omega\}$ 中除去事先给定的点 x_0 外没有离散局部极小点,点 $x_0 \in S_1$ 是函数 $U(x)$ 的一个离散局部极小点；

(2) 如果 $S_2 \neq \varnothing$,函数 $U(x)$ 在集合 $S_2 = \{x \mid f(x) < f(x^*),$

$x \in \Omega$} 中一定存在离散局部极小点；

在上面定义的基础上，第三章给出了关于非线性整数规划问题 (P_I) 的一个新的填充函数**定义** 3.2.5，为了便于比较，再把这个定义列在下面：

定义 5.1.2　函数 $P_{x^*}(x)$ 称为 $f(x)$ 的在离散局部极小点 x^* 的关于非线性整数规划问题 (P_I) 的一个填充函数，如果该函数 $P_{x^*}(x)$ 具有如下的两个性质：

(1) $P_{x^*}(x)$ 在集合 $S_1 \setminus \{x_0\}$ 中没有离散局部极小点. x_0 是集合 S_1 中事先给定的点并且不要求一定是填充函数 $P_{x^*}(x)$ 的离散局部极小点；

(2) 如果 x^* 不是 $f(x)$ 的关于问题 (P_I) 的离散全局极小点，则函数 $P_{x^*}(x)$ 一定存在离散局部极小点 x_1 满足 $f(x_1) < f(x^*)$，也就是 x_1 属于集合 S_2.

上面的两个定义，都含有事先给定的点 x_0 这个条件，这个点的存在，使得在用局部极小化方法计算所构造的填充函数的时候，极小化的点列会常常收敛到这个点 x_0，而不是收敛到比当前的局部极小点 x^* 更好的点，甚至，只收敛到这个点 x_0，而不能够从当前的局部极小点 x_1^* 跳到更好的局部极小点. 这样的话，构造的辅助函数将不会在问题的解决上起到作用，这显然不是我们希望的. 下面给出一个新的不同于上面两个定义的关于非线性整数规划问题 (5.1.1) 的填充函数定义如下：

定义 5.1.3　函数 $P(x, x^*)$ 称为 $f(x)$ 的在离散局部极小点 x^* 的关于非线性整数规划问题 (P_I) 的一个填充函数，如果该函数 $P(x, x^*)$ 具有如下的三个性质：

(1) 整点 x^* 是函数 $P(x, x^*)$ 的严格离散局部极大点；

(2) 如果整点 x 满足 $f(x) \geqslant f(x^*)$，且 $x \neq x^*$，那么整点 x 不是函数 $P(x, x^*)$ 的离散局部极小点；

(3) 如果 x^* 不是 $f(x)$ 的关于问题 (P_I) 的离散全局极小点，则函数 $P(x, x^*)$ 一定存在离散局部极小点 x_1 满足 $f(x_1) < f(x_1^*)$，也就

是 x_1 属于集合 S_2.

新填充函数定义的这些性质不仅保证了函数的离散局部极小点是填充函数的离散严格局部极大点,而且保证了当用局部极小化方法去极小化构造的填充函数时,所得到的离散局部极小点一定在集合 S_2 中. 所以可以通过极小化填充函数 $P(x, x^*)$ 来得到原目标函数的更好的离散局部极小点.

本章下面的结构是:第二部分提出了带两个参数的满足所给新定义的一个填充函数,并且讨论了它的性质;第三部分给出了一个离散全局优化算法以及测试函数的数值计算结果;最后结论在第四部分.

5.2 改进定义下的填充函数及性质

本章提出的关于非线性整数规划问题(5.1.1)的一个 $f(x)$ 在其离散局部极小点 x^* 的填充函数,其形式是

$$P(x, x^*, r, q) = \frac{\ln(1 + q \max(f(x) - f(x^*) + r, 0))}{1 + \| x - x^* \|},$$

(5.2.1)

这里 $r > 0$ 和 $q > 0$ 是两个参数,

$$0 < r < \min_{x_1^*, x_2^* \in X_I} | f(x_1^*) - f(x_2^*) |, \quad f(x_1^*) \neq f(x_2^*).$$

(5.2.2)

当参数 r 和 q 满足适当条件的时候,下面的几个定理说明函数 $P(x, x^*, r, q)$ 是满足所给定义的一个填充函数.

定理 5.2.1 对任何 $r > 0$ 和 $q > 0$ 充分大的时候,x^* 是 $P(x, x^*, r, q)$ 的一个严格离散局部极大点.

证明 因为 x^* 是一个离散局部极小点,所以对 $\forall d \in D = \{\pm e_i, i = 1, 2, \cdots, n\}$,就有

$$f(x^*) \leqslant f(x^* + d),$$

和

$$P(x^* + d,\, x^*,\, r,\, q) = \frac{\ln(1 + q\max(f(x^* + d) - f(x^*) + r,\, 0))}{1 + \|x^* + d - x^*\|}$$

$$= \frac{\ln(1 + q(f(x^* + d) - f(x^*) + r,\, 0))}{1 + \|d\|}.$$

而

$$P(x^*,\, x^*,\, r,\, q) = \ln(1 + qr).$$

由于 $\|d\| = 1$,所以在这一种情况下有:

$$P(x^* + d,\, x^*,\, r,\, q) = \frac{\ln(1 + q(f(x^* + d) - f(x^*) + r))}{2}.$$

目的是证明下面的式子成立:

$$P(x^* + d,\, x^*,\, r,\, q) = \frac{\ln(1 + q(f(x^* + d) - f(x^*) + r))}{2}$$

$$< P(x^*,\, x^*,\, r,\, q) = \ln(1 + qr). \quad (5.2.3)$$

因为当参数 $q > 0$ 趋向于无穷大的时候,分别有:

$$\ln(1 + qr) \to \infty, \quad (5.2.4)$$

和

$$\ln\frac{1 + q(f(x^* + d) - f(x^*) + r)}{1 + qr} \to \ln\frac{f(x^* + d) - f(x^*) + r}{r},$$

$$(5.2.5)$$

这也说明了当参数 $q > 0$ 充分大的时候,有:

$$\ln(1 + qr) > \ln\frac{1 + q(f(x^* + d) - f(x^*) + r)}{1 + qr}$$

$$= \ln(1 + q(f(x^* + d) - f(x^*) + r)) - \ln(1 + qr),$$

也就是下式成立：

$$2\ln(1 + qr) > \ln(1 + q(f(x^* + d) - f(x^*) + r)),$$

所以式子(5.2.3)成立.

因此对所有的 $d \in D$, 均有

$$P(x^*, x^*, r, q) > P(x^* + d, x^*, r, q).$$

这就证明了 x^* 是所给出的填充函数的严格离散局部极大点. $\square$

定理 5.2.2 如果一个整点 x_1 满足不等式 $f(x_1) \geqslant f(x^*)$ 且不等于 x^*, 则该整点 x_1 不是函数 $P(x, x^*, r, q)$ 的离散局部极小点.

证明 分下面两种情况进行讨论:

(1) 存在某一个 $d \in D$, 使得 $f(x_1 + d) < f(x^*)$,

这一种情况下, 有 $f(x_1 + d) - f(x^*) + r < 0$, 则

$$P(x_1 + d, x^*, r, q) = \frac{\ln(1 + q\max(f(x_1 + d) - f(x^*) + r, 0))}{1 + \| x_1 + d - x^* \|}$$

$$= 0, \tag{5.2.6}$$

而

$$P(x_1, x^*, r, q) = \frac{\ln(1 + q\max(f(x_1) - f(x^*) + r, 0))}{1 + \| x_1 - x^* \|}$$

$$= \frac{\ln(1 + q(f(x_1) - f(x^*) + r))}{1 + \| x_1 - x^* \|} > 0. \tag{5.2.7}$$

因此由上面的(5.2.6)和(5.2.7), 可以知道:

$$P(x_1 + d, x^*, r, q) < P(x_1, x^*, r, q),$$

这就说明了, 这种情况下, 点 x_1 不是函数 $P(x, x^*, r, q)$ 的局部极小点.

(2) 对所有的 $d \in D$, 均有 $f(x_1 + d) \geqslant f(x^*)$,

这一种情况下，一定存在某个 $d_i \in D$，使得 $\| x_1 + d_i - x^* \| > \| x_1 - x^* \|$ 成立. 并且有：

$$P(x_1 + d_i, x^*, r, q) = \frac{\ln(1 + q\max(f(x_1 + d_i) - f(x^*) + r, 0))}{1 + \| x_1 + d_i - x^* \|}$$

$$= \frac{\ln(1 + q(f(x_1 + d_i) - f(x^*) + r))}{1 + \| x_1 + d_i - x^* \|},$$

和

$$P(x_1, x^*, r, q) = \frac{\ln(1 + q\max(f(x_1) - f(x^*) + r, 0))}{1 + \| x_1 - x^* \|}$$

$$= \frac{\ln(1 + q(f(x_1) - f(x^*) + r))}{1 + \| x_1 - x^* \|}.$$

而

$$P(x_1 + d_i, x^*, r, q) - P(x_1, x^*, r, q)$$

$$= \frac{\ln(1 + q(f(x_1 + d_i) - f(x^*) + r))}{1 + \| x_1 + d_i - x^* \|} -$$

$$\frac{\ln(1 + q(f(x_1) - f(x^*) + r))}{1 + \| x_1 - x^* \|}$$

$$= \frac{1}{(1 + \| x_1 + d_i - x^* \|)(1 + \| x_1 - x^* \|)} \cdot$$

$$[(1 + \| x_1 - x^* \|)\ln(1 + q(f(x_1 + d_i) - f(x^*) + r)) -$$

$$(1 + \| x_1 + d_i - x^* \|)\ln(1 + q(f(x_1) - f(x^*) + r))]$$

$$= \frac{1}{(1 + \| x_1 + d_i - x^* \|)(1 + \| x_1 - x^* \|)} \cdot$$

$$\left[(1+\parallel x_1-x^*\parallel)\ln\frac{1+q(f(x_1+d_i)-f(x^*)+r)}{1+q(f(x_1)-f(x^*)+r)}-\right.$$

$$(\parallel x_1+d_i-x^*\parallel-\parallel x_1-x^*\parallel)\ln(1+$$

$$\left. q(f(x_1)-f(x^*)+r))\right]. \tag{5.2.8}$$

当 $q>0$ 充分大的时候，上面式子(5.2.8)是趋向于负的无穷大的，所以，当参数 $q>0$ 充分大的时候有：

$$P(x_1+d_i,x^*,r,q)-P(x_1,x^*,r,q)<0,$$

也就是

$$P(x_1+d_i,x^*,r,q)<P(x_1,x^*,r,q).$$

综述上面两种情况，说明了整点 x_1 不是函数 $P(x,x^*,r,q)$ 的离散局部极小点。 □

这个定理说明，当 $q>0$ 足够大时，任何满足 $f(x)\geqslant f(x^*)$ 的且不等于 x^* 的整点 x 都不是函数 $P(x,x^*,r,q)$ 的离散局部极小点。所以有下面的推论：

推论 5.2.1 如果一个整点 x_1 是所给函数 $P(x,x^*,r,q)$ 的一个离散局部极小点，那么该点 x_1 一定属于集合 $S_2=\{x\in X_I:f(x)<f(x^*)\}$。

定理 5.2.3 设 x_1 和 x_2 是满足下列关系的

$$\parallel x_1-x^*\parallel>\parallel x_2-x^*\parallel>0 \tag{5.2.9}$$

的两个不同的整点，如果它们的函数值满足下列关系式

$$\min\{f(x_1),f(x_2)\}\geqslant f(x^*). \tag{5.2.10}$$

则当 $q>0$ 充分大的时候，有

$$P(x_1,x^*,r,q)<P(x_2,x^*,r,q). \tag{5.2.11}$$

证明 由(5.2.10)式可以得到

$$P(x_1, x^*, r, q) = \frac{\ln(1 + q(f(x_1) - f(x^*) + r))}{1 + \| x_1 - x^* \|},$$

和

$$P(x_2, x^*, r, q) = \frac{\ln(1 + q(f(x_2) - f(x^*) + r))}{1 + \| x_2 - x^* \|}.$$

下面分下面两种情况考虑：

1. 如果 $f(x^*) \leqslant f(x_1) \leqslant f(x_2)$，则

$$P(x_1, x^*, r, q) = \frac{\ln(1 + q(f(x_1) - f(x^*) + r))}{1 + \| x_1 - x^* \|}$$

$$< \frac{\ln(1 + q(f(x_2) - f(x^*) + r))}{1 + \| x_2 - x^* \|}$$

$$= P(x_2, x^*, r, q).$$

这说明了在这一种情况下,结论是成立的.

2. 如果 $f(x^*) \leqslant f(x_2) < f(x_1)$，下面证明(5.2.11)也是成立的.

因为

$$P(x_1, x^*, r, q) - P(x_2, x^*, r, q)$$

$$= \frac{\ln(1 + q(f(x_1) - f(x^*) + r))}{1 + \| x_1 - x^* \|} -$$

$$\frac{\ln(1 + q(f(x_2) - f(x^*) + r))}{1 + \| x_2 - x^* \|}$$

$$= \frac{1}{(1 + \| x_1 - x^* \|)(1 + \| x_2 - x^* \|)} \cdot [(1 +$$

$$\| x_2 - x^* \|)\ln(1 + q(f(x_1) - f(x^*) + r)) - (1 +$$

$$\|x_1 - x^*\|)\ln(1 + q(f(x_2) - f(x^*) + r))]$$

$$= \frac{1}{(1 + \|x_1 - x^*\|)(1 + \|x_2 - x^*\|)} \cdot [(1 +$$

$$\|x_2 - x^*\|)\ln \frac{1 + q(f(x_1) - f(x^*) + r)}{1 + q(f(x_2) - f(x^*) + r)} -$$

$$(\|x_1 - x^*\| - \|x_2 - x^*\|)\ln(1 +$$

$$q(f(x_2) - f(x^*) + r))]. \tag{5.2.12}$$

当 $q > 0$ 充分大的时候,上面式子(5.2.12)是趋向于负的无穷大的,所以,当参数 $q > 0$ 充分大的时候有:

$$P(x_1, x^*, r, q) - P(x_2, x^*, r, q) < 0,$$

也就是

$$P(x_1, x^*, r, q) < P(x_2, x^*, r, q).$$

综述上面两种情况,就证明了定理的结论.   □

通过上边的几个定理,可以看出,填充函数(5.2.1)满足定义 5.1.3中的前面两个条件(1)和(2).

定理 5.2.4 设 x_1 和 x_2 是满足条件

$$\|x_1 - x^*\| > \|x_2 - x^*\| > 0$$

的两个不同的点,如果 $f(x_2) \geqslant f(x^*) > f(x_1)$ 成立时,则上面定理的结论也是成立的,即同样有:

$$P(x_1, x^*, r, q) < P(x_2, x^*, r, q).$$

证明   由参数 r 的定义,可以得到 $f(x_1) - f(x^*) + r < 0$ 成立,则

$$P(x_1, x^*, r, q) = \frac{\ln(1 + q\max(f(x_1) - f(x^*) + r, 0))}{1 + \|x_1 - x^*\|} = 0.$$

由定理所给出的条件可得

$$P(x_2, x^*, r, q) = \frac{\ln(1 + q(f(x_2) - f(x^*) + r))}{1 + \| x_2 - x^* \|} > 0,$$

所以该定理的结论当然成立. □

注：定理 5.2.4 保证了在极小化搜索填充函数 $P(x, x^*, r, q)$ 的极小点时候，不会再回到集合 S_1.

定理 5.2.5 如果整点 x^* 不是 $f(x)$ 的离散全局极小点，那么函数 $P(x, x^*, r, q)$ 一定存在离散局部极小点 x_1^*，并且满足关系 $f(x_1^*) < f(x^*)$，也就是 $x_1^* \in S_2$.

证明 因为 x^* 不是 $f(x)$ 的离散全局极小点，所以存在整点 x_1^* 满足关系 $f(x_1^*) < f(x^*)$，因此，根据参数 r 的定义有 $f(x_1^*) - f(x^*) + r < 0$ 成立，所以

$$P(x_1^*, x^*, r, q) = \frac{\ln(1 + q \max(f(x_1^*) - f(x^*) + r, 0))}{1 + \| x_1^* - x^* \|}$$

$$= \frac{\ln(1 + q \cdot 0)}{1 + \| x_1^* - x^* \|} = 0. \tag{5.2.13}$$

而对任何的 $d \in D = \{\pm e_i : i = 1, 2, \cdots, n\}$，有

$$P(x_1^* + d, x^*, r, q) = \frac{\ln(1 + q \max(f(x_1^* + d) - f(x^*) + r, 0))}{1 + \| x_1^* + d - x^* \|}$$

$$\geqslant 0. \tag{5.2.14}$$

由上面的式子 (5.2.13) 和 (5.2.14) 知道，对任何的 $d \in D$，有

$$P(x_1^*, x^*, r, q) \leqslant P(x_1^* + d, x^*, r, q).$$

这样就证明了，整点 x_1^* 是函数 $P(x, x^*, r, q)$ 的一个离散局部极小点. 其实，从证明过程来看，该点 x_1^* 也是函数 $P(x, x^*, r, q)$ 的离散全局极小点. □

通过上面定理 5.2.1～5.2.5 的证明,的确说明了函数 $P(x, x^*, r, q)$ 是满足定义 5.1.3 的 $f(x)$ 在其离散局部极小点 x^* 的一个满足定义的填充函数.

5.3 离散全局优化算法和数值计算结果

针对上面讨论的新的填充函数 $P(x, x^*, r, q)$ 的理论性质,下面提出寻找原目标函数 $f(x)$ 的全局极小点的一个算法:

离散全局优化算法

1. 初始步

选取 $\varepsilon = 10^{-2}$ 作为极小化问题(5.1.1)的可接受的终止参数;

选取 $N_L = 2n$ 作为极小化问题(5.1.1)的过程结束的终止参数;

选取 $Q = 10^5$;

在 X_I 中选取一个初始点 x_1^0;

令 $k = 1$.

2. 主步

1° 从 x_k^0 出发,通过离散局部极小化下降搜索过程得到原问题 (5.1.1)的一个局部极小点. 令 x_k^* 是原问题的一个局部极小点. 令 $n = 1$. $q_0 = 100$.

2° 如果 $r < \varepsilon$,则算法终止. 把 x_k^* 视作是原问题的一个离散全局极小点;否则,转到下一步.

3° 如果 $n < N_L$,则转到主步 5°;否则,转到下一步.

4° 如果 $q < Q$,那么令 $q = 10q$;否则令 $r = r/10$,$q = q_0$ 和 $n = 1$. 转到下一步.

5° 构造填充函数:

$$P(y, x_k^*, r, q) = \frac{\ln(1 + q \max(f(y) - f(x_k^*) + r, 0))}{1 + \| y - x_k^* \|},$$

且选取任意一个初始点 $y_0 \in X_I$. 进入内循环.

3. 内循环

1° 令 $m = 0$.

2° 以 y_m 为初始点,应用离散最速下降法,极小化填充函数 $P(y, x_k^*, r, q)$,得到下一个迭代点 y_{m+1}.

3° 如果 $y_{m+1} \overline{\in} X_l$,那么令 $n = n+1$,转到主步 3°. 否则,转到下一步.

4° 如果 $f(y_{m+1}) \leqslant f(x_k^*)$,则令 $k = k+1$,$x_k^0 = y_{m+1}$ 且转到主步 1°;否则令 $m = m+1$ 转到内循环步 2°.

数值计算结果

下面采用上面设计的离散全局优化算法,来对第三章中给出的算例 1 和算例 2 进行极小化计算,数值计算的结果我们用表格的形式列出. 表格中具体的符号表示的意义如下:

n:变量的个数;

T_S:初始点 x_1^0 选取的次数;

k:对问题(5.1.1)的离散极小化过程的次数;

x_k^0:对问题(5.1.1)的第 k 次离散极小化过程的初始点;

x_k^*:问题(5.1.1)的第 k 次离散极小化过程中得到的离散局部极小点;

$f(x_k^*)$:离散局部极小点 x_k^* 的函数值.

表(1-1)　对算例 1 的维数 $n=2$ 的计算结果

T_S	k	x_k^0	x_k^*	$f(x_k^*)$
1	1	(5, 5)	(2, 3)	7
	2	(0, 0)	(1, 1)	0
2	1	(−4, 3)	(−2, 3)	15
	2	(2, 3)	(0, 0)	2
	3	(0, 0)	(1, 1)	0

表(1-2)　对算例 1 的维数 $n=3$ 的计算结果

T_S	k	x_k^0	x_k^*	$f(x_k^*)$
	1	$(-4, 0, 4)$	$(-1, 2, 3)$	17
1	2	$(-1, 1, 1)$	$(0, 0, 0)$	2
	3	$(0, 1, 1)$	$(1, 1, 1)$	0
	1	$(0, 4, 4)$	$(1, 2, 3)$	13
2	2	$(1, 0, 1)$	$(0, 0, 0)$	2
	3	$(0, 0, 0)$	$(1, 1, 1)$	0

表(1-3)　对算例 1 的维数 $n=5$ 的计算结果

T_S	k	x_k^0	x_k^*	$f(x_k^*)$
	1	$(0, 3, 0, 3, 3)$	$(1, 1, 1, 2, 3)$	19
1	2	$(-2, 2, 0, 1, 1)$	$(-1, 1, 1, 1, 1)$	4
	3	$(0, 0, 0, 0, 0)$	$(1, 1, 1, 1, 1)$	0
	1	$(-1, 3, 2, 2, -2)$	$(-1, 1, 1, 1, 1)$	4
2	2	$(-1, 3, -4, 3, 2)$	$(0, 0, 0, 0, 0)$	2
	3	$(1, 0, 0, 1, 1)$	$(1, 1, 1, 1, 1)$	0

表(2-1)　对算例 2 的维数 $n=4$ 的计算结果

T_S	k	x_k^0	x_k^*	$f(x_k^*)$
	1	$(-2, -1, 5, 4)$	$(0, -1, 2, 4)$	206
1	2	$(3, 1, 2, 5)$	$(1, 1, 2, 4)$	101

续　表

T_S	k	x_k^0	x_k^*	$f(x_k^*)$
1	3	(0, 0, 0, 0)	(1, 1, 1, 1)	0
2	1	(−3, −2, −1, 5)	(0, 0, −2, 4)	411
	2	(−2, −1, 5, 4)	(0, −1, 2, 4)	206
	3	(1, 1, 2, 4)	(1, 1, 1, 1)	0

表(2-2)　对算例 2 的维数 $n=5$ 的计算结果

T_S	k	x_k^0	x_k^*	$f(x_k^*)$
1	1	(−4, −2, −3, −1, 5)	(0, 0, 0, −2, 4)	412
	2	(1, 1, 1, 2, 4)	(0, 0, 0, 0, 0)	4
	3	(1, 0, 3, 0, 1)	(1, 1, 1, 1, 1)	0
2	1	(−2, −3, −4, −1, 5)	(0, 0, 0, −2, 4)	412
	2	(0, 0, −1, −2, 4)	(1, 1, 1, 2, 4)	101
	3	(0, 0, 0, 0, 0)	(1, 1, 1, 1, 1)	0

表(2-3)　对算例 2 的维数 $n=6$ 的计算结果

T_S	k	x_k^0	x_k^*	$f(x_k^*)$
1	1	(2, 3, 1, 4, 5, 5)	(1, 1, 1, 1, 2, 4)	101
	2	(0, 0, 0, 0, 0, 0)	(1, 1, 1, 1, 1, 1)	0
2	1	(−3, −1, −4, −5, −2, 5)	(0, 0, 0, 0, −2, 4)	413

续　表

T_S	k	x_k^0	x_k^*	$f(x_k^*)$
2	2	$(0, 0, 0, -1, 2, 4)$	$(1, 1, 1, 1, 2, 4)$	101
	3	$(0, 0, 0, 0, 0, 0)$	$(1, 1, 1, 1, 1, 1)$	0

表(2-4)　对算例 2 的维数 $n=7$ 的计算结果

T_S	k	x_k^0	x_k^*	$f(x_k^*)$
1	1	$(-4, -3, -2,$ $-1, -5, 2, 5)$	$(0, 0, 0, 0,$ $-1, 2, 4)$	209
	2	$(-1, 1, 1, 1,$ $1, 2, 4)$	$(0, 0, 0, 0,$ $0, 0, 0)$	6
	3	$(-1, 1, 1, 1,$ $1, 1, 1)$	$(1, 1, 1, 1,$ $1, 1, 1)$	0

5.4　结论

　　本章是在连续最优化问题的填充函数定义的基础上,给出了离散的非线性整数规划问题的类同于连续最优化问题的一个填充函数定义,它不同于第三章和第四章中的填充函数定义. 然后给出了一个含两个参数的填充函数(5.2.1). 它克服了第三章中的填充函数在计算时遇到的问题. 在讨论了该填充函数的理论性质的基础上,设计了求离散的非线性整数规划问题的一个填充函数算法. 通过对若干个测试函数的具体数值计算,显示出了算法是有效和可行的.

参 考 文 献

[1] A. V. Levy, A. Montalvo. The tunneling algorithm for the Global minimization of function. SIAM Journal on Science and Statistical Computing, 1985, 6(1): 15 - 29.

[2] Bandler J. W. , Charalambous C. Nonlinear programming using minimax techniques. J. Optim. Theory Appl. , 1974, 13: 607 - 619.

[3] Bazaraa M. S. , Sherali H. D. , Shetty C. M. Nonlinear Programming: Theory and Algorithms (Second Edition). New York: John Wiley & Sons, Inc. , 1993.

[4] Bertsekas D. P. Nondifferentiable optimization via approximation. Mathematical Programming Study 3, Balinski M. , Wolfe P. (Eds.), North-Holland, Amsterdam, 1975: 1 - 25.

[5] Bertsekas D. P. Nonlinear Programming (Second Edition). Massachusetts: Athena Scientific, 1999.

[6] Camp G. D. Inequality-constrained stationary-value problems. Operations Research, 1955, 3: 548 - 550.

[7] Chamberlain R. M. , Lemarechal C. , Pederson H. C. , Powel M. J. D. The watch-dog technique for forcing convergence in algorithms for constrained optimization. Math. Programming Stud. , 1982, 16: 1 - 17.

[8] Clarke F. H. Optimization and nonsmooth Analysis, Canad. Math. Soc. Ser. Monographs Adv. Texts, New York: John Wiley, 1983.

[9] Cooper M. W. A survey of methods for pure nonlinear

programming. Management Sci. , 1981, 27(3): 353 - 361.

[10] Cottle R. W. Symmetric dual quadratic programs. Quart. Applied Mathematics, 1963, 21: 237 - 243.

[11] Dorn W. S. Duality in quadratic programming. Quart. Applied Mathematics, 1960, 18: 155 - 162.

[12] Du xue-wu, Zhang lian-sheng, Shang you-lin, Li ming-ming. An exact augmented Lagrangian function for nonlinear programming problems with inequality constraints. Applied Mathematics and Mechanics, accepted. 2004.

[13] Du xue-wu, Yang yong-jian, Li ming-ming, Shang you-lin. Further studies on the Hestenes-Powell augmented Lagrangian function for equality constraints in nonlinear programming problems. OR Transactions , 2005. (accepted)

[14] Fiacco A. V. , McCormick G. P. The sequential unconstrained minimization technique for nonlinear programming, a primal-dual method. Management Science, 1964, 10: 360 - 366.

[15] Fiacco A. V. , McCormick G. P. Computational algorithm for the sequential unconstrained minimization technique for nonlinear programming. Manegement Science, 1964, 10: 601 - 617.

[16] Fiacco A. V. , McCormick G. P. Extensions of SUMT for nonlinear programming: equality constraints and extrapolation. Management Science, 1966, 12: 816 - 828.

[17] Fiacco A. V. , McCormick G. P. The slacked unconstrained minimization technique for convex programming. SIAM J. Applied Mathematics, 1967, 15: 505 - 515.

[18] Fiacco A. V. , McCormick G. P. The sequential unconstrained minimization technique (SUMT), without parameters.

Operations Research, 1967, 15: 820 - 827.

[19] Fiacco A. V., McCormick G. P. Nonlinear programming: sequential unconstrained minimization techniques. New York: John Wiley & Sons, 1968.

[20] Fisher, M. L. The Lagrangian relaxation method for solving integer programming. Management Sci., 1981, 27: 1 - 18.

[21] Fletcher R. Practical Methods of Optimization, Volume *2*; Constrained Optimization, New York: John Wiley, 1981.

[22] Fletcher R. A model algorithm for composite nondifferentiable optimization problems. Math. Programming Study, 1982, 17: 67 - 76.

[23] Fletcher R. Practical Methods of Optimization (Second Edition). New York: John Wiley, 1987.

[24] Garcia-Palomares U. M. Connections among nonlinear programming, minimax and exact penalty functions. Computer Science Division, Argonne National Laboratories, Technical Memorandum No. 20, 1983.

[25] Geoffirion A. M. Lagrangian relaxation for integer programming. Math. Programming Study., 1974, 2: 82 - 114.

[26] Goh C. J., Yang X. Q. A sufficient and necessary condition for nonconvex constrained optimization. Applied Mathematics Letters, 1997, 10: 9 - 12.

[27] Goh C. J., Yang X. Q. A nonlinear Lagrangian theory for nonconvex optimization. J. Optim. Theory Appl., 2001, 109: 99 - 121.

[28] Guignard M., Kim S. Lagrangian decomposition: A model yielding stronger Lagrangian relaxation bounds. Math. Program., 1993, 33: 262 - 273.

[29] Gupta O. K. , Ravindran A. Branch and bound experiments in convex nonlinear integer programming. Management Sci. , 1985, 31(12): 1533 – 1546.

[30] Ge R. P. The Theory of Filled Function Methods for Finding Global Minimizers of Nonlinearly Constrained Minimization Problems. J. of Comput. Math. , 1987, 5(1): 1 – 9.

[31] Ge, R. P. A Filled Function Method for Finding a Global Minimizer of a Function of Several Variables. Mathematical Programming, 1990, 46: 191 – 204.

[32] Ge, R. P. and Qin, Y. F. A Class of Filled Functions for Finding Global Minimizers of a Function of Several Variables. Journal of Optimization Theory and Applications 1987, 54(2): 241 – 252.

[33] Ge, R. P. and Qin, Y. F. The global convexized filled functions for globally optimization. Applied Mathematics and Computation, 1990, 35: 131 – 158.

[34] Ge, R. P. , Huang, H. A continuous approach to nonlinear integer programming. Applied Mathematics and Computation, 1989, 34: 39 – 60.

[35] Ge, R. P. , Qin, Y. F. A class of filled functions for finding a global minimizer of a function of several variables. Journal of Optimization Theory and Applications, 1987, 54 (2): 241 – 252.

[36] Holland J. H. Adaptation in Natural and Artificial Systems. MIT Press, 1975.

[37] Horst R. A New Branch and Bound Approach for Concave Minimization Problems. Lecture Notes in Computer Science, 1976, 41: 330 – 337.

[38] Horst R. An Algorithm for Nonconvex Programming Problems. Mathematical Programming, 1976, 10: 312 - 321 .

[39] Horst R. A General Class of Branch-and-Bound Methods in Global Optimization with Some New Approaches for Concave Minimization. Journal of Optimization Theory and Applications, 1986, 51: 271 - 291.

[40] Horst R. Deterministic Methods in Contrained Global Optimization: Some Recent Advances and New Fields of Application. Naval Research Logistics, 1990, 37: 433 - 471.

[41] Horst, R. , Pardalos, M. P. and Thoai, N. V. Introduction to Global Optimization. Dordrecht, Netherlands: Kluwer Academic Publishers, 1995.

[42] Horst, R. , Pardolos P. M. (Eds.) Handbook of Global Optimization, Dordreht, The Netherlands: Kluwer Academic Publishers, 1995.

[43] Horst, R. , Tuy, H. Global Optimization (Deterministic Approaches), 3rd ed. Berlin, Germany: Springer, 1994.

[44] Han, Q. M. and Han, J. Y. Revised Filled Function Methods for Global Optimization. Applied Mathematics and Computation, 2001, 119: 217 - 228.

[45] Han S. A globally convergent method for nonlinear programming. J. Optim. Theory Appl. , 1977, 22: 297 - 309.

[46] Hanson M. A. A duality thoerem in nonlinear programming with nonlinear constraints. Australian J. Statistics, 1961, 3: 64 - 72.

[47] Howe S. New conditions for exactness of simple penalty functions. SIAM J. Control Optim. , 1973, 11: 378 - 381.

[48] Huang X. X. , Yang X. Q. Convergence analysis of a class of

nonlinear penalization methods for constrained optimization via first-order necessary optimality conditions. Journal of Optimization Theory and applications, 2003, 116(2): 311 - 332.

[49] Karmarkar N. A New Polynomial-time Algorithm for Linear Programming, Combinatorica, 1984, 4: 373 - 395.

[50] Kirkpatrick S. , Gelatt C. D. , and Vecchi M. P. Optimization by Simulated Annealing. Science, 1983, 220: 671 - 680.

[51] Kleimmichel H. and Schoneleld K. Newton-type Methods for Nonlinearly Constrained Programms. Proceedings of the 20th Jahrestagung " Mathematische Optimierung ", Humboldt-Universitat, Zu Burlin, Seminarberichte, 1988: 53 - 57.

[52] Konno, H. , Thach, P. T. , Tuy, H. Optimization on Low Rank Nonconvex Structures. The Netherlands: Kluwer Academic Dordrecht, 1997.

[53] Liu, Xian, Finding Global Minima with a Computable Filled Function. Journal of Global Optimization, 2001, 19: 151 - 161.

[54] Liu, Xian, A Class of Generalized Filled Functions with Improved Computability. Journal of Computational and Applied Mathematics, 2001, 137: 61 - 69.

[55] Liu, Xian, Several filled functions with mitigators. Applied Mathematics and Computation, 2002, 133: 375 - 387.

[56] Liu, Xian, A Computable Filled Function Used for Global Minimization. Applied Mathematics and Computation, 2002, 126: 271 - 278.

[57] Liu, Xian, Xu, W. A New Filled Function Applied to Global Optimization. Computers and Operations Research, 2004, 31: 61 - 80.

[58] Liu, Xian, The Barrier Attribute of Filled Functions.

Applied Mathematics and Computation, 2004, 149:
641 - 649.

[59] Liu, Xian, Two New Classes of Filled Functions. Applied
Mathematics and Computation, 2004, 149: 577 - 588.

[60] Liu, Xian, The impelling function method applied to global
optimization. Applied Mathematics and Computation, 2004,
151: 745 - 754.

[61] Lundy M. and Mess A. Convergence of an Annealing
Algorithm. Math. Prog. , 1986, 34: 111 - 124.

[62] L. C. W. Dixon, G. P. Szegö (Eds.). Towards Global
Optimization. North-Holland, Amsterdam, 1975.

[63] L. C. W. Dixon, G. P. Szegö (Eds.). Towards Global
Optimization 2. North-Holland, Amsterdam, 1978.

[64] L. C. W. Dixon, J. Gomulka, S. E. Herson. Reflection on
Global Optimization Problems // L. C. W. Dixon (Eds.).
Optimization in Action. New York: Academic Press, 1976:
398 - 435.

[65] Li D. Zero duality gap for a class of nonconvex optimization
problem. J. Optim. Theory Appl. , 1995, 85: 309 - 324.

[66] Li D. Zero duality gap in integer programming: pth power
surrogate constraint method. Oper. Res. Lett. , 1999, 25:
89 - 96.

[67] Li D. , X. L. Sun. Success guarantee of dual search in
integer programming: pth power Lagrangian method.
Journal of Global Optimization, 2000, 18: 235 - 254.

[68] Llewellyn D. C. , Ryan J. A primal dual integer
programming algorithm. Discrete Appl. Math. , 1993, 45:
262 - 273.

[69] Luo Z. Q. , Pang J. S. , Ralph D. Mathematical programs with Equilibrium Constraints. Cambridge: Cambridge University Press, 1996.

[70] Mangasarian O. L. Duality in nonlinear programming. Quarterly of Applied Mathematics, 1962, 20: 300 - 302.

[71] Mayne D. O. , Maratos N. A first order, exact penalty function algorithm for equality constrained optimization problems. Math. Programming, 1979, 16: 303 - 324.

[72] Michelon P. , Maculan N. Lagrangian decomposition for integer nonlinear programming with linear constraints. Math. Program. , 1991, 52: 303 - 313.

[73] Moore, R. E. Interbal Analysis. Prentice-Hall, NJ: Englewood Cliffs, 1966.

[74] Ng C. K. , Li D. and Zhang L. S. Global Descent Method for Global OPtimization. The Chinese University of Hong Kong, Ph. D. thesis, 2003.

[75] Oblow, E. M. A Stochastic Tunneling Algorithm for Global Optimization. JOGO, 2001, 20: 195 - 212.

[76] P. M. Pardalos, H. E. Romeijn, H. Tuy. Recent Development and Trends in Global Optimization. Journal of Computational and Applied Mathematics, 2000, 124: 209 - 228.

[77] Pang J. S. Error bounds in mathematical programming. Mathematical Programming, 1997, 79: 299 - 332.

[78] Pietrgykowski T. Application of the steepest descent method to concave programming. Proc. of International Federation of Information Processing Societies Congress (Munich), Amsterdam: North Holland, 1962, 185 - 189.

[79] Pietrzykowski T. An exact potential method for constrined

maxima, SIAM J. Numer. Anal. , 1969, 6: 299 - 304.

[80] Pillo G. Di, Grippo L. A continuously differentiable exact penalty function for nonlinear programming problems with inequality constraints. SIAM J. Control Optim. , 1985, 23: 72 - 84.

[81] Pillo G. Di, Grippo L. Exact penalty functions in constrained optimization, SIAM J. Control and Optimization, 1989, 27 (6): 1333 - 1360.

[82] Pillo G. Di. Exact penalty methods // E. Spedicato (ed.). Algorithms for Continuous Optimization // Kluwer Academic Publishers, 1994: 209 - 253.

[83] Pinar M. C. , Zenios S. A. On smoothing exact peanlty functions for convex constrained optimization, SIAM J. Optimization, 1994, 4(3): 486 - 511.

[84] Polak E. , Mayne D. Q. , Wardi Y. On the extension of constrained optimization algorithms from differentiable to non-differentiable problems. SIAM J. Control Optim. , 1983, 21: 179 - 203.

[85] Rockafellar R. T. Augmented Lagrange multiplier functions and duality in nonconvex programming. SIAM J. Control Optim. , 1974, 12: 268 - 285.

[86] Rosenberg E. Exact penalty functions and stability in local Lipschitz programming. Mathematical Programming, 1984, 30: 340 - 356.

[87] Rubinov A. M. , Glover B. M. , Yang X. Q. , Decreasing functions with applications to penalization. SIAM J. OPTM. , 1999, 10(1): 289 - 313.

[88] Rubinov A. M. , Glover B. M. , Yang X. Q. Extended

Lagrange and penalty functions in continuous optimization. Optimization, 1999, 46: 327 - 351.

[89] Shelboe, S. Computation of Rational Interval Functions. BIT, 1974, 14: 87 - 95.

[90] Shang you-lin, Zhang lian-sheng, Liang yu-mei. A single-parameter filled function theory and algorthm for nonlinear integer programming. Applied Mathematics and Computation, 2004. (accepted)

[91] Shang you-lin, Zhang lian-sheng, Yang yong-jian and Li ming-ming. A new filled function for global optimization. Journal of Computational and Applied Mathematics, 2004. (accepted)

[92] Shang you-lin, Zhang lian-sheng. A filled function method for finding global minimizer on global integer optimization. Journal of Computational and Applied Mathematics, 2004. (accepted)

[93] Shang you-lin, Zhang lian-sheng, Chen wei. A modified filled function method for finding global integer minimizer on nonlinear function. Journal of Computational Mathematics, 2005. (submited)

[94] Shang you-lin, Han bo-shun, One-parameter quasi-filled function algorithm for nonlinear integer programming. Journal of Zhejiang University SCIENCE, 2005, 6A(4): 305 - 310.

[95] Shang you-lin, Liang yu-mei, Yang yong-jian. A one-parameter filled function method for nonlinear integer programming. Journal of Donghua University, 2005. (accepted)

[96] Shang you-lin, Li xiao-yan. A filled function with adjustable

parameters for unconstrained global optimization. Chinese quarterly Journal of Mathematics, 2004, 19 (3): 232 - 239.

[97] Shang you-lin, Qin qing, Yang yong-jian. A convex filled function method for nonlinear integer programming. Chinese quarterly Journal of Mathematics, 2004. (submit)

[98] S. Lucid, V. Piccialli. New classes of globally convexized filled functions for global optimization. Journal of Global Optimization, 2002, 24: 219 - 236.

[99] Sinclair M. An exact penalty function approach for nonlinear integer programming problems. European J. Oper. Res., 1986, 27: 50 - 56.

[100] Sun X. L., Li D. A logarithmic-exponential penalty formulation for nonlinear integer programming. Applied Mathematics Letters, 1999, 12(3): 73 - 77.

[101] Sun X. L., Li D. Value-Estimation Function Method for Constrained Global Optimization. Journal of Optimization Theory and Applications, 1999, 102: 385 - 409.

[102] Sun X. L., Li D. Asymptotic strong duality for bounded integer programming: a logarithmic-exponential dual formulation. Math. Oper. Res., 2000, 25(4): 625 - 644.

[103] Tuy, H. Normal sets, Polyblocks and Monotone optimization. Vietnam J. Math., 1999, 27: 277 - 300.

[104] Tuy, H. Monotone Optimization: Problems and solution approaches. SIAM J. Optim., 2000, 11(2): 464 - 494.

[105] Tuy H., Thieu T. V., Thai N. Q. A Conical Algorithm for Globally Minimizing a Concave Function over a Closed Convex Set. Mathematics of Operations Research, 1985, 10: 498 - 514.

[106] Tuy H. , Khachaturov V. , Utkin S. A Class of Exhaustive Cone Splitting Procedures in Conical Algorithms for Concave Minimization. Optimization, 1987, 18: 791 – 807.

[107] Tuy H. , Horst R. Convergence and Restart in Branch and Bound Algorithms for Global Optimization Application to Concave Minimization and D. C. Optimization Problems. Mathematical Programming, 1989, 41: 161 – 183.

[108] Teo K. L. , Jennings L. S. Nonlinear optimal control problems with continuous state inequality constraints. JOTA, 1989, 63: 1 – 22.

[109] Teo K. L. , Goh C. J. , Wong K. H. A unified computational approach to optimal control problems, Longman Scientific and Technical. New York: John Wiley & Sons, 1991.

[110] V. Vassilev, K. Genova. An approximate algorithm for nonlinear integer programming. European Journal of Operational Research, 1994, 74 (1): 170 – 178.

[111] Williams H. P. Duality in mathematics and linear and integer programming. J. Optim. Theory Appl. , 1996, 90: 257 – 278.

[112] Wolpert D. H. , Macready W. G. No Free Lunch Theorems for Search. Santa Fe Institute: Technical Report SFI-TR – 95 – 02 – 010, 1995.

[113] Wolfe P. A duality theorem for nonlinear programming. Quarterly of Applied Mathematics, 1961, 19: 239 – 244.

[114] Wu Z. Y. , Zhang L. S. , Teo K. , Bai F. S. A New Modified Function Method for Global Optimization. Subumitted to Journal of Optimization Theory and Applications.

[115] Xu, Zheng, Huang, Hong-Xuan, Pardalos, P. M. and Xu,

Cheng-Xian, Filled functions for Unconstrained Global Optimization. Journal of Global Optimization, 2001, 20: 49 - 65.

[116] Xu Z. K. Local saddle points and convexification for nonconvex optimization problems. J. Optim. Theory Appl. , 1997, 94: 739 - 746.

[117] Yang X. Q. , Huang X. X. A nonlinear Lagrangian approach to constrained optimization problems. SIAM J. Optim. , 2001, 11(4): 1119 - 1144.

[118] Yang X. Q. , Huang X. X. Partially strictly monotone and nonlinear penalty functions for constrained mathematical programs. Computational Optimization and Applications, 2003, 25: 293 - 311.

[119] Yao, Y. Dynamic Tunneling Algorithm for Global Optimization, IEEE Transactions on Systems, Man and Cybernetics, 1989, 19: 1222 - 1230.

[120] Zheng, Q. and Zhuang, D. Integral Global Minimization: Algorithms, Implementations and Numerical Tests. Journal of Global Optimization, 1995, 7(4): 421 - 454.

[121] Zhang L. S. , Li D. Global Search in Nonliear Integer Programming: Filled Function Approach, International Conference on Optimization Techniques and Applications, Perth, 1998: 446 - 452.

[122] Zhang, L. S. , Ng, C. K. , Li, D. and Tian, W. W. (Jan.), A New Filled Function Method for Global Optimization. Journal of Global Optimization, 2004, 28(1): 17 - 43.

[123] Zhang, L. S. , Gao, F. , Yao, Y. R. Continuity methods

for nonlinear integer programming. OR Transactions, 1998, 2(2): 59 - 66.

[124] Zhu, W. X. A filled function method for nonlinear integer programming. Chinese ACTA of Mathematicae Applicatae Sinica, 2000, 23 (4): 481 - 487.

[125] Zhu, W. X. On the globally convexized filled function method for box constrained continuous global optimization, appeared in Optimization On Line March 2003. http://www. optimization-online. org/DB-FILE/2004/03/846. pdf.

[126] Zhu, W. X. An Approximate Algorithm for Nonlinear Integer Programming, Applied Mathematics and Computation, 1998, 93: 183 - 193.

[127] Zangwill W. I. Nonlinear programming via penalty functions. Management Science, 1967, 13: 344 - 358.

[128] Zenios S. A., Pinar M. C. A smooth penalty function algorithm for network-structured problems. European Journal of Opreational Research, 1995, 83: 220 - 236.

[129] Zhang L. S. A sufficient and necessary condition for a globally exact penalty functions. Chinese Journal of Contemporary Mathematics, 1997, 18(4): 415 - 424.

[130] 陈庆华,谢政. 整数规划. 长沙：国防科技大学出版社,1992.

[131] 尚有林,杨森,王三良. 无约束全局优化的一个新凸填充函数. 河南科技大学学报, 2004, 25 (4): 78 - 81.

[132] 邬冬华. 求全局优化的积分型算法的一些研究和进展// 上海大学博士论文. 上海：上海大学出版社,2002.

[133] 袁亚湘,孙文瑜. 最优化理论与方法. 北京：科学出版社,2001.

[134] 张连生,田蔚文,姚奕荣. 积分——水平集总极值的另一实现

途径. 运筹学杂志,1996,15(1)：60-64.

[135] 朱文兴. 一类不依赖于局部极小解个数的填充函数. 系统科学与数学,2002, 22(4).

[136] 朱文兴. 总体优化一类双参数填充函数算法的改进. 数学物理学报, 1999,19(5)：550-558.

[137] 朱文兴,张连生. 非线性整数规划的一个近似算法. 运筹学学报, 1997,1(1).

[138] 朱文兴. 整数规划的广义填充函数算法. 应用数学与计算数学学报,1997, 11(2).

[139] 徐增坤. 数学规划导论. 北京：科学出版社,2000.

作者攻读博士学位
期间完成的论文

[1] Shang Y. L., Zhang L. S., Liang Y. M. A single-parameter filled function theory and algorthm for nonlinear integer programming, Applied Mathematics and Computation, (SCI), 2004. (accepted)

[2] Shang Y. L., Zhang L. S., Yang Y. J. and Li M. M. A new filled function for global optimization, Journal of Computational and Applied Mathematics, (SCI), 2004. (accepted)

[3] Shang Y. L., Zhang L. S. A filled function method for finding global minimizer on global integer optimization, Journal of Computational and Applied Mathematics, (SCI), 2004. (accepted)

[4] Shang Y. L., Zhang L. S., Chen W. A modified filled function method for finding global integer minimizer on nonlinear function, Journal of Computational Mathematics, (SCI), 2005. (submited)

[5] Shang Y. L., Han B. S. One-parameter quasi-filled function algorithm for nonlinear integer programming, Journal of Zhejiang University SCIENCE, (EI), 2005, 6A (4): 305 - 310.

[6] Shang Y. L., Liang Y. M., Yang Y. J. A one-parameter filled function method for nonlinear integer programming, Journal of Donghua University, (EI), 2004. (accepted)

[7] Shang Y. L., Yang Y. J., Yang W. C. Modified filled

function method for discrete global optimization problem. Applied Mathematics and Computation，(SCI)，2005.（submited)

[8] Shang Y. L.，Li X. Y. A filled function with adjustable parameters for unconstrained global optimization，Chin. Quart. J. of Math.，2004，19 (3)：232 - 239.

[9] Shang Y. L.，Qin Q.，Yang Y. J. A convex filled function method for nonlinear integer programming，Chin. Quart. J. of Math.，2004.（submited)

[10] Yang Y. J.，Shang Y. L. A new filled function method for unconstrained global optimization，2005.（submited)

[11] Du X. W.，Zhang L. S.，Shang Y. L.，Li M. M. An exact augmented Lagrangian function for nonlinear programming problems with inequality constraints，Applied Mathematics and Mechanics，(SCI)，2004.（accepted)

[12] Du X. W.，Yang Y. J.，Li M. M.，Shang Y. L. Further studies on the Hestenes-Powell augmented Lagrangian function for equality constraints in nonlinear programming problems，OR Transactions，2004.（accepted)

[13] 尚有林，杨森，王三良. 无约束全局优化的一个新凸填充函数. 河南科技大学学报，2004，25(4)：78 - 81.

致　　谢

值此论文完成之际,我谨向导师张连生教授表示衷心的感谢和崇高的敬意。作为运筹学界德高望重的老前辈、带我进入优化领域更深层次研究的良师,张先生的严谨学风和谆谆教诲给我留下了深刻印象,令我终身受益。同时感谢三年来师母陈春华教授对我生活上的关怀。

感谢给予我指导的上海大学理学院数学系的各位老师,他们思考科研问题的方法,以及刻苦钻研、认真踏实的科研作风,对我产生了潜移默化的影响。

感谢河南科技大学的领导和理学院的老师为我的学习提供方便和支持。

还要感谢和我一起克服学习生活上种种挫折和困难的同门师兄弟和师姐妹。

论文中涉及的数值计算由学友杨永建和师妹梁玉梅帮助完成,谨表谢意。

感谢我的夫人多年来无私的奉献以及我女儿给我的信心和勇气。

最后,感谢所有在我学业和工作上与我合作、给予我帮助的人们。

尚有林

2005 年 1 月